无线通信技术及应用

张颖慧　那顺乌力吉　著

中国水利水电出版社
www.waterpub.com.cn

·北京·

内 容 提 要

随着信息通信的发展,无线通信技术在不同研究领域均有广泛应用。本书主要介绍无线通信系统的关键技术、新技术以及相关应用,主要内容包括:无线通信关键技术、RFID 无线通信技术、ZigBee 无线通信技术、WLAN 无线通信技术、蓝牙无线通信技术、移动通信技术、其他无线通信技术、未来无线通信发展趋势等。

本书结构合理,条理清晰,内容丰富新颖,可供通信工程技术人员和科研人员参考使用。

图书在版编目(CIP)数据

无线通信技术及应用/张颖慧,那顺乌力吉著. —
北京:中国水利水电出版社,2019.3(2024.1重印)
 ISBN 978-7-5170-7546-2

Ⅰ. ①无… Ⅱ. ①张… ②那… Ⅲ. ①无线电通信
Ⅳ. ①TN92

中国版本图书馆 CIP 数据核字(2019)第 056785 号

书　　名	无线通信技术及应用
	WUXIAN TONGXIN JISHU JI YINGYONG
作　　者	张颖慧 那顺乌力吉 著
出版发行	中国水利水电出版社
	(北京市海淀区玉渊潭南路 1 号 D 座 100038)
	网址:www.waterpub.com.cn
	E-mail:zhiboshangshu@163.com
	电话:(010)62572966-2205/2266/2201(营销中心)
经　　售	北京科水图书销售有限公司
	电话:(010)68545874、63202643
	全国各地新华书店和相关出版物销售网点
排　　版	北京智博尚书文化传媒有限公司
印　　刷	三河市龙大印装有限公司
规　　格	170mm×240mm　16 开本　12.75 印张　228 千字
版　　次	2019 年 5 月第 1 版　2024 年 1 月第 2 次印刷
定　　价	58.00 元

前　言

　　无线通信是利用电磁波信号在空中传播信息的一种通信方式,近些年在信息通信领域中发展最快、应用最广的就是无线通信技术。无线通信技术在宽带无线接入领域、移动通信领域、卫星遥控遥测领域都有着广泛的应用。

　　无线通信是以能够在任何地点之间传输和交换诸如文本、音频和图像之类的数据为发展目标的。人们希望能够无限制地获取和交互信息,所以"5W"[Whoever、Whenever、Wherever、Whomever、Whatever,无论何人、(在)任何时间、(在)任何地点、与任何人、(以)任何方式]自然成为无线通信发展的最终目标,而现代通信技术的发展事实上就是围绕"5W"这一目标逐步向前推进的。无线通信将个人化的通信模式、宽带的通信能力以及丰富的通信内容进行融合,是当前通信技术朝着宽带化、智能化和个人化发展的必然趋势,是迈向"5W"的必然途径。

　　本书的撰写具有以下特色。

　　一是具有实用、丰富、新颖的内容。很多移动通信专著的内容偏旧,对新的无线技术基本没有讲解,仍旧侧重相关蜂窝移动通信系统的关键技术,而对宽带无线接入采用的先进技术很少涉及,对未来无线通信的发展探讨较少。因此,本书在有限的篇幅中,尽可能减少概念和理论性的知识介绍,更加注重解决实际问题,充分反映无线通信系统的前沿技术和成果。

　　二是具有完整的无线通信系统。由于有多种无线通信技术可供选择,很多读者没有建立无线通信网络的概念,对实际运行的各种无线通信技术的组成架构和核心原理都不甚理解。基于此,本书力求融合无线通信研究的基础知识与核心内容,全面反映无线通信系统。首先给读者讲解建立无线通信技术的概念,明确无线通信技术面临的挑战;然后系统地介绍了无线通信的系统组成、关键技术、组网特征等;最后还阐述了未来无线通信的发展趋势。

　　本书主要介绍无线通信技术的演变历史、无线通信网络组成、无线通信协议、无线通信技术等方面的内容,使读者了解日益普及的无线通信技术和网络的基本原理及使用方法,了解无线通信技术发展的前沿动态,掌握无线通信技术应用开发所必需的基础知识。

全书共 9 章。第 1 章为无线通信概述,第 2 章介绍无线通信关键技术,第 3 章介绍 RFID 无线通信技术,第 4 章介绍 ZigBee 无线通信技术,第 5 章介绍 WLAN 无线通信技术,第 6 章介绍蓝牙无线通信技术,第 7 章介绍移动通信技术,第 8 章介绍其他无线通信技术,第 9 章介绍未来无线通信发展趋势。

全书由张颖慧、那顺乌力吉撰写,具体分工如下:

第 1 章、第 2 章、第 4 章、第 7 章~第 9 章:张颖慧(内蒙古大学);

第 3 章、第 5 章、第 6 章:那顺乌力吉(内蒙古大学)。

作者在多年研究的基础上,广泛吸收了国内外学者在无线通信系统及其核心技术方面的研究成果,在此向相关内容的原作者表示诚挚的敬意和谢意。

由于作者水平有限,不妥之处在所难免,恳请读者批评指正。

作　者

2018 年 9 月

目　　录

前言

第1章　无线通信概述 ··· 1
1.1　无线通信技术概述 ·· 1
1.2　无线通信技术发展趋势 ······································ 6
1.3　无线通信技术面临的挑战 ···································· 7

第2章　无线通信关键技术 ··· 9
2.1　通信信号分析 ·· 9
2.2　调制解调技术 ·· 18
2.3　通信编码技术 ·· 24
2.4　多址接入技术 ·· 32
2.5　分集接收技术 ·· 41

第3章　RFID无线通信技术 ·· 47
3.1　RFID技术 ··· 47
3.2　RFID的系统构成 ··· 49
3.3　RFID的工作原理 ··· 52
3.4　RFID的关键技术 ··· 53
3.5　RFID技术的应用案例 ·· 56
3.6　RFID的标准化及发展 ·· 59

第4章　ZigBee无线通信技术 ·· 63
4.1　ZigBee标准 ·· 63
4.2　ZigBee协议栈 ·· 64
4.3　ZigBee组网技术 ·· 74
4.4　ZigBee路由协议分析 ··· 78
4.5　ZigBee技术的应用 ··· 80

第 5 章　WLAN 无线通信技术 ……………………………………………… 85

　　5.1　无线局域网概述……………………………………………………… 85

　　5.2　无线局域网的关键技术……………………………………………… 89

　　5.3　认识无线局域网模式………………………………………………… 99

　　5.4　WLAN 的应用 ……………………………………………………… 107

第 6 章　蓝牙无线通信技术………………………………………………… 109

　　6.1　蓝牙协议体系 ……………………………………………………… 109

　　6.2　微微网与散射网 …………………………………………………… 111

　　6.3　散射网拓扑形成和路由算法 ……………………………………… 113

　　6.4　蓝牙技术的应用 …………………………………………………… 122

　　6.5　蓝牙的市场与未来发展 …………………………………………… 124

第 7 章　移动通信技术……………………………………………………… 127

　　7.1　移动通信概述 ……………………………………………………… 127

　　7.2　无线传播与移动信道 ……………………………………………… 133

　　7.3　多载波与多天线技术 ……………………………………………… 137

　　7.4　现代移动通信系统与网络 ………………………………………… 144

第 8 章　其他无线通信技术………………………………………………… 155

　　8.1　 NFC 技术 ………………………………………………………… 155

　　8.2　红外技术 …………………………………………………………… 159

　　8.3　超宽带技术 ………………………………………………………… 164

　　8.4　GPRS 技术 ………………………………………………………… 167

第 9 章　未来无线通信发展趋势…………………………………………… 176

　　9.1　二维码 ……………………………………………………………… 176

　　9.2　云计算 ……………………………………………………………… 177

　　9.3　物联网 ……………………………………………………………… 186

参考文献 …………………………………………………………………… 196

第1章　无线通信概述

　　无线通信是无线电通信的简称,是电子学的最早应用之一,也是电子学的最新应用之一。无线通信是指利用无线电波传播信息的通信方式,无线电波是指在自由空间(包括空气和真空)传播的电磁波。无线通信由最初的电报开始,经过150多年的发展,通过来自各界的成千上万名工程师、研究人员和科学家的辛勤劳动,终于取得了今天的成果。

1.1　无线通信技术概述

1.1.1　无线通信的定义与发展历史

　　无线通信(Wireless Communication)是一种利用电磁波信号可以在自由空间中传播的特性进行信息交换的通信方式。无线通信按所使用频率波段可分为长波通信、中波通信、短波通信、超短波通信和微波通信等。

　　人类社会使用电通信始于19世纪。1837年,美国人摩尔斯(Morse)发明了有线电报。1876年,美国人贝尔(Bell)发明了有线电话,开始了语音信号的有线传输。

　　无线通信的出现比有线通信稍晚一些。1865年,英国人麦克斯韦尔(Maxwell)成功预测了电磁波的存在,他在递交给英国皇家学会的论文《电磁场的动力理论》中阐明了电磁波传播的理论基础。

　　德国人赫兹(Hertz)在1886—1888年间,首先通过试验验证了麦克斯韦尔的理论。

　　英国人马可尼(Marconi)在1899年和1901年分别实现了横跨英吉利海峡和大西洋的通信,这些试验的成功使无线电广泛应用于船只之间以及船只和海岸之间的通信。

　　早期的无线通信系统使用的是原始的但功率很强的火花间歇放电发射器,它仅适用于无线电报。美国人德福雷斯特(Lee De Forest)在1906年发明了真空三极管,从而可以对连续波信号进行调制,并可用于语音传输。

利用无线电成功传输语音的工作则由费森登（Fessenden）完成，1906 年圣诞前夜，他在美国马萨诸塞州采用外差法实现了历史上首次无线电广播，费森登广播了小提琴演奏的《平安夜》乐曲和《圣经》片段的朗诵声音。早期的无线通信采用的是幅度调制（AM）技术，20 世纪 30 年代后期，出现了性能更好的频率调制（FM）技术。

第二次世界大战促进了移动式和便携式无线系统的发展，其中包括可以在战场上携带的双工系统，可以说是今天的蜂窝电话的雏形。

美国电报电话公司（AT&T）在 1946 年建设了改进型移动电话服务（IMTS）系统，可以将移动用户自动接入公众业务电话网络（PSTN）。因为它的容量有限，所以提供的服务比较昂贵，但这的确是真正意义上的移动电话服务。

1947 年，贝尔实验室的三位科学家发明了晶体管。晶体管具有体积小、重量轻、耗电少并且寿命长的优点，使通信设备小型化、便携化成为可能，进一步推动了无线通信的发展。

寻呼机出现于 1962 年，最初的寻呼机只能通知用户去找个电话并拨打它提供的电话号码。随着技术的进步，越来越多型号的寻呼机不仅能够传递字母和数字信息，还能够显示文字信息。因为成本低、体积小，所以尽管寻呼机功能相当有限，但仍然得到了广泛的使用。

人们从 20 世纪 70 年代开始就对无线网进行研究。在整个 80 年代，以太局域网迅猛发展的同时，无线网因为具有不用架线、灵活性强等优点，以己之长补"有线"所短，赢得了特定市场的认可。但当时的无线网性能不稳定，传输速率低且不易升级，这些问题使得不同厂商的产品相互不兼容，无线网的进一步应用受到限制。这就迫使人们不得不制订一个有利于无线网自身发展的标准，即无线局域网标准。

1982 年，欧洲成立了 GSM（移动通信特别组），任务是制定泛欧移动通信漫游的标准。

1988 年 10 月，美国高通公司第一次向公众介绍了 CDMA 蜂窝移动通信概念。

1997 年 6 月，802.11 标准终于被 IEEE（美国电气和电子工程师协会）通过。它是 IEEE 制定的无线局域网标准，用来规定网络的物理（PH）层和媒质访问控制（MAC）层，其中对 MAC 层的规定是重点。各厂商的产品在同一物理层上可以相互操作，在逻辑链路控制（LLC）层上也是一致的，即对网络应用方面 MAC 层以下是透明的。这样更容易实现无线网的两种主要用途——"（同网段内）多点接入"和"多网段互连"。但是对应用来说,一定程度上的"兼容"就意味着竞争开始出现。802.11标准在MAC层以下规定了三种发送及接收技术:扩频(Spread Spectrum)技术、红外(Infrared)技术、窄带(Narrow Band)技术。其中,扩频技术由直接序列(Direct Sequence,DS)扩频技术(简称直扩)和跳频(Frequency Hopping,FH)扩频技术组成,直接序列扩频技术通常又会与码分多址(CDMA)技术相结合。

1.1.2 无线频谱划分

无线电波是一种电磁辐射,当前用于无线通信的频率范围已经从3kHz扩展到约100GHz。无线通信频谱划分见表1-1。

表1-1 各种频率范围及其对应的波长范围

波段名称		频 率	波 长	频段名称
超长波		3～30kHz	10～100km	甚低频(VLF)
长波		30～300kHz	1～10km	低频(LF)
中波		300～3000kHz	100～1000m	中频(MF)
短波		3～30MHz	10～100m	高频(HF)
超短波	米波	30～300MHz	1～10m	甚高(VHF)
	分米波	300～3000MHz	10～100cm	特高频(UHF)
微波	厘米波	3～30GHz	1～10cm	超高频(SHF)
	毫米波	30～300GHz	1～10mm	极高(EHF)

频率与波长之间的转换相当容易。对于任何波来说,其频率和波长的关系式如下:

$$v = f\lambda \qquad (1\text{-}1)$$

式中,v为电波的传播速度,m/s;f为电波的频率,Hz;λ为波长,m。

在自由空间(空气一般可近似于自由空间)中传播的无线电波的速度等于光速:3×10^8 m/s,表示这个量的常用符号是c。式(1-1)也可以写成:

$$c = f\lambda \qquad (1\text{-}2)$$

几乎任何通信系统中所使用的载波都是正弦波。正弦波由于只有一个频率,因此它的带宽为0。但是,只要对信号进行了调制,其带宽就会增加,噪声对信号的影响随着带宽的增加而增加。在大多数通信系统中,都要尽可能地限制通信带宽。

无线系统的频谱空间总是供不应求,即使严格限制了各种通信业务的带宽,仍然满足不了越来越多的通信需求。为了充分地应用带宽,可以采用频谱复用的方法,即在一个区域中使用的频谱,可以同时在另一个区域中再次使用,条件是这两个区域之间相距足够远,相互之间不影响正常的通信。相距的距离取决于许多因素,如发射器功率、天线增益和高度、所使用的调制类型等。

在 CDMA 技术的数字移动通信系统中,还采用了功率自适应技术,在保证可靠通信的同时,可以自动地将发射功率降到最低,从而能够使频率在很小距离的范围内得到重复利用,采用这种方案能够更有效地使用频谱资源。

1.1.3 无线通信系统

通信是将信号从一个地方向另一个地方传输的过程。用于完成信号的传递与处理的系统称为通信系统(Communication System)。

1.1.3.1 无线通信系统的组成

无线通信系统由五个部分组成:信号源、发射设备、传输媒质、接收设备、受信人,如图 1-1 所示。

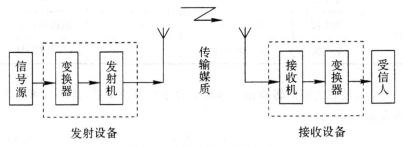

图 1-1 无线通信系统的组成

信号源提供需要传送的信息;发射设备由变换器和发射机组成,变换器完成待发送的信号(图像、声音等)与电信号之间的转换,发射机将电信号转换成高频振荡信号并由天线发射出去;传输媒质是指信息的传输通道,对于无线通信系统来说,传输媒质是指自由空间;接收设备由接收机和变换器组成,接收机将接收到的高频振荡信号转换成原始电信号以方便受信人接收;

受信人是指信息的最终接收者。

1.1.3.2　无线通信系统的分类

无线通信系统根据不同的原则可以有不同的分类。

根据传输信号的形式分类:电话通信系统、电报通信系统、广播通信系统、电视通信系统等。

根据无线应用分类:移动通信系统、无线接入通信系统、微波通信系统、卫星通信系统等。

根据无线终端(用户)工作状态分类:固定无线通信系统和移动无线通信系统。

根据工作频率分类:长波通信、中波通信、短波通信、超短波通信、远红外无线通信、微波通信和卫星通信等通信系统。工作频率主要是指发送与接收的射频(RF)频率。

根据调制方式分类:调幅、调频、调相及混合调制等无线通信系统。

根据无线信道传输的信号参量取值的不同分类:模拟无线通信系统和数字无线通信系统。凡信号参量的取值是连续的或取无穷多个值的,且直接与消息相对应的信号称为模拟信号。模拟信号也称连续信号[见图 1-2(a)],是指信号的某一参量可以连续变化,图 1-2(b)所示为抽样信号。凡信号参量只能取有限个值,并且常常不直接与消息相对应的信号称为数字信号,也称离散信号,其二进制波形如图 1-3(a)所示。这里的离散是指信号的某一参量是离散变化的,而不一定是在时间上离散变化,如图 1-3(b)所示的 2PSK 信号。

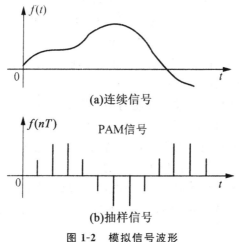

图 1-2　模拟信号波形

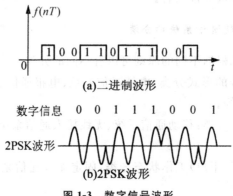

图 1-3　数字信号波形

根据信号的复用方式分类:频分复用、时分复用和码分复用无线通信系统。频分复用是用频谱搬移的方法使信号占据不同的频率范围;时分复用是用脉冲调制的方法使信号占据不同的时间区间;码分复用是用正交的脉冲序列分别携带不同信号。

1.2　无线通信技术发展趋势

目前,无线通信网络正朝着多元化、宽带化、综合化、智能化的方向演进,更高的传输速率、更灵活的组网能力及综合业务支持能力成为当前无线通信网络发展的重点。

任何人(Whoever)在任何时间(Whenever)和任何地点(Wherever)都可以和世界上的任何人(Whomever)进行任何方式(Whatever)通信的理想境界是无线数据通信追求的目标,即"5W"。

无线通信技术是社会信息化的重要支撑,随着信息化社会的到来,其发展趋势主要体现为下述几个方面:

(1)现代无线数据通信技术应能为用户提供了更大的吞吐量、更高的传输速率、更低的延迟,以实现更快的通信网络的运行。

(2)随着无线通信技术的发展,个人化、宽带化、多样化将是未来无线通信系统的主要特点,无线通信技术结构的变革则主要体现在高效频谱的接入上,通过拓展新的工作频段、发展新的网络架构,促进无线通信系统频谱的增加、效率的提高及容量的提升,以满足信息化社会发展对无线通信的需求。

(3)现代无线数据通信技术应能为用户提供更具安全性和保密性、环境适应能力与抗干扰能力更强的数据通信服务。

（4）现代无线数据通信技术要支持任意类型的应用，它不仅能支持现有的各种数据通信业务，而且也能支持未来可能出现的通信新业务。

（5）现代无线数据通信技术向着数字处理技术的开发应用方向发展，使无线和有线通信实现数字化，通信设备实现小型化、智能化。

（6）从网络供应商的角度看，现代无线数据通信技术必须提供更多、更好的网络管理工具。这些工具可以使网络运营商能实时、详细地监控网络设施，以便为用户提供可靠的服务。

1.3　无线通信技术面临的挑战

因特网的安全问题有越来越严重的趋势。计算机病毒可以通过因特网到处传播，网站遭受攻击后瘫痪会影响日常的功能，计算机数据库里的机密数据被窃取后往往难以追踪。这些问题都随着因特网的发展变得更加棘手，倒是在无线通信的领域里似乎还没有感受到类似的问题。其实随着无线通信的发展，因特网的构建也可以利用无线网络为基础，各种安全方面的问题将接踵而至。我们可以预期无线通信的安全问题会更严重，而且会因为无线网络的构建而衍生。

1.3.1　隐私与安全问题

计算机病毒也能通过无线的方式来传播，因此不但会影响计算机设备，同样会对手机、PDA 与无线网络产生危害，危害的程度要看病毒的性质。无线网络窥探者（Wireless Network Snooper）可以看到网络上的信息，利用这些信息来获取不当的利益。无线黑客（Wireless Hackers）会窃取数据、删除文件或破坏软件。手机窥探者（Cell Phone Snooper）可以窃听手机的通话，侵犯别人的隐私。手机克隆者（Cell Phone Cloner）窃取别人手机的识别信息，然后以此信息来偷打电话，却由原拥有者付费。无线的破坏者（Wireless Vandal）利用各种方式造成无线网络无法正常工作。

1.3.2　无线病毒

无线病毒的种类与所用的移动设备有关，最先在手机上发现的病毒叫作 Timofonica，它利用计算机来主导对手机的攻击，使用 Microsoft Outlook 的用户在计算机上收到含有病毒的邮件后,只要打开附加文件就会中毒。病毒在受感染的计算机上会进行复制,同时通过 Outlook 的网络数据以 E-mail 发送给其他人。病毒也会利用 SMS 发送短信,虽然短信本身对手机无害但是大量的短信会造成无线蜂窝网络的拥塞。针对手机的病毒,造成删除通信簿或非预期关机等问题。

1.3.3 蜂窝手机的危机

手机通话会被频率扫描器(Scanner)窃听,因为频率扫描器可以调到某个频率,查看是否有通话在频道上进行。假如频率扫描器调到了手机通信的频率,就可以听到手机用户的通话。若要听到完整的通话,则扫描器必须调到基站使用的频率。数字传输技术可以防止扫描器的窃听,只要对通话进行加密,窃听者就无法听到正常的通话,所以数字电话比模拟电话要安全。当然,除了手机外,其他无线通信设备也有被窃听或窃取数据的可能。

模拟蜂窝电话的克隆(Cloning)是常见的诈骗手法,为了达到克隆伪造的目的,窃贼需要特殊的扫描器与数字译码器(Digital Decoder),当用户用手机拨号时,窃贼用扫描器窃听,并试着找出用户的电话号码与电话的电子序列号(Electronic Serial Number,ESN)。有了这些数据以后,窃贼可以卖给别人,就成了所谓的克隆电话(Cloned Telephone)。这样的电话同样可以拨号通话,但是由原用户付费。数字蜂窝电话有防止电话被克隆的机制,主要是通过一个数字密钥,在通话前系统会检查这个密钥的存在,但密钥本身并未传送,所以扫描器无法获得这个密钥。

第2章　无线通信关键技术

从语言、音乐、图像等信息源直接转换得到的电信号是频率很低的电信号,其频谱特点是包括(或不包括)直流分量的低通频谱,称基带信号,其最高频率和最低频率之比远大于1。基带信号在无线信道上不能直接传输,需要对原始基带信号进行调制,以适合无线信道的传输。为了提高信息传输质量,增加通信信号的抗干扰能力以及组网能力等,还需要采用其他的技术,包括调制解调技术、通信编码技术、多址接入技术、分集接收技术等。

2.1　通信信号分析

网络上传送的信号都可以用电磁波的信号来表示,电磁波信号不是数字(Digital)信号就是模拟(Analog)信号,电磁波信号本身可视为由多种不同频率的信号组成,这些频率的范围决定了电磁波信号的带宽(Bandwidth),同时也影响所能传送的数据传输速率。信号的质量与传输介质的特性是影响数据通信的两个主要因素,在介质中,信号传送的过程中发生的减损(Impairment)几乎是无法避免的,所以设计通信系统时一定要先理清这些问题。

2.1.1　信号的定义

在通信系统中,信号(Signal)是指电磁波的信号,信号的传送是一种能量(Energy)的传输,其中隐含着信息(Information)。

通信系统最基本的功能就是将数据(Data)转换成信号,以电磁波的方式,经由传输介质从某一地点传到远距离外的另一点,所接收到的信号可以被还原成原先的数据,经过处理后,可以变成具有含义的信息。

2.1.2　无线数据通信的信号传输方式

数据信号在信道上传输时所采取的方式称为无线数据通信的信号传输

方式。信号传输方式根据一次传输数据的多少分为并行传输和串行传输，根据收发两端信号的同步状态分为同步传输与异步传输。

2.1.2.1 数据信号并行传输方式

并行传输方式中多个数据位同时在通信设备间的多条通道(信道)上传送，并且每个数据位都拥有自己专用的传输通道。图 2-1 描述了通信设备之间具有多条传输通道时的并行传输情况。例如，在用 8 条信道并行传输 7 单位代码字符时，可以另加 1 条"选通"线，用以通知接收器各条信道上已出现某一字符的数据信息。

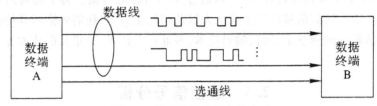

图 2-1 数据信号并行传输方式

并行传输方式的优点是数据传输速率相对较高，不需要额外措施就实现了收发双方的字符同步；并行传输方式的缺点是需要的传输线路(信道)多，设备复杂，成本高，故无线数据通信较少采用此方式，一般适用于计算机内部和其他高速数据的近距离传输。

2.1.2.2 数据信号串行传输方式

串行传输是数据码流在一条信道上以串行方式传送，在通信设备之间按照顺序一位一位地传输，如图 2-2 所示。

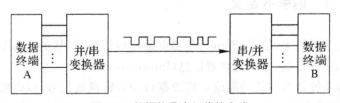

图 2-2 数据信号串行传输方式

串行传输的优点是需要的传输线路(信道)少，易于实现；串行传输的缺点是为解决收、发端双方码组或字符同步，需外加同步措施。通常，无线数据通信和远距离有线数据传输时采用此方式较多。

2.1.2.3　数据信号同步传输与异步传输

由以上分析可知,数据并行传输的同步问题较为简单,通过在收、发两端之间多加一根控制线就可完成数据的同步(步调一致)。

1. 异步传输

异步传输方式是指收、发两端各自有相互独立的位(码元)定时时钟,数据率由收发双方约定,接收端利用数据本身来进行同步的传输方式。

异步传输方式的优点是实现简单,不需要收、发两端之间的同步专线,即收发双方的时钟信号不需要精确同步。异步传输方式的缺点是每个数据信息字符都增加了起始、停止的比特位,降低了传输效率,所以异步方式常用于低速率数据传输。图 2-3 表示了异步传输的情形。

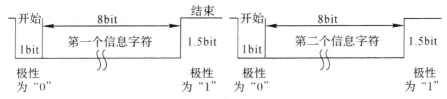

图 2-3　数据信号异步传输方式示意图

2. 同步传输

同步传输是指收发双方采用统一的时钟节拍来完成码元同步,实现数据信息字符传送的传输方式,是相对于异步传输而言的。在数据传输中,同步传输必须建立位定时同步和帧同步。

位定时同步又称比特(bit)同步,其作用是将数据电路终端设备接收端的位定时时钟信号与 DCE 收到的输入信号两者同步,使 DCE 从接收的信息流中正确识别一个个信号码元,从而产生接收数据序列。

帧同步又称群同步,一群或一串数据信息为一帧,其中每帧的开头和结束加上预先规定的起始序列和终止序列(序列的形式决定于所采用的传输控制规程)作为标志。

在 ASCII 代码中,用 SYN(码型为“0010110”)作为“同步(Synchronize)字符”,通知接收设备一帧的开始,用 EOT(码型为“0000100”)作为“传输结束(End of Transmission)”字符,以表示一帧的结束。同步传输的数据格式如图 2-4 所示。

同步传输在技术上比异步传输要复杂一些,但它不需要单独地对每个数据字符加起始码和终止码,只需将标志序列加在一群数据信息字符的前后,这样就提高了传输效率。

同步传输常用于高速率数据传输。

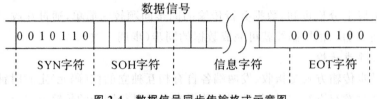

图 2-4 数据信号同步传输格式示意图

2.1.3 信号在信道中的传输

任何通信系统所传送的信号与所接收到的信号都会因为信号的衰减而有差异,对于模拟信号来说,衰减会降低信号的质量,对于数字信号来说,衰减会增加数据位的错误。当一个信号从发送设备注入信道中进行传输时,有几种现象必然会发生。

(1)信号从一个地方传到另一个地方需要时间,因此会产生传播时延(Propagation Delay)。

(2)由于信号会向四面八方扩散或受到传播介质的衰减,因此接收端获得的信号电平可能会远小于发送端输出的电平,这种现象称为衰减(Attenuation)。如果一个信号的各个频率分量都受到相同比例的衰减,信号波形的形状就不会发生变化,仅仅是信号的大小变化。但实际上,信道的传输特性不可能是理想的,它对信号不同频率成分的衰减有所不同,因此就会产生波形的线性失真(Distortion)。

(3)信号在信道内传输的过程还会受到干扰与噪声的影响,它们同样会使信号的波形发生变化。

2.1.3.1 衰减

信号在介质中传送会随着经过的距离而衰减。对于导向介质来说,这种衰减可以用分贝(dB)来表示,是一种对数级别(Logarithmic)的衰减。对于非导向介质来说,衰减的效应与距离、地形以及空气中的成分都有关系。

设注入信道的信号电压(最大值或有效值)为 U_i,输出的信号电压(最大值或有效值)为 U_o,则信道对该信号的电压衰减值为

$$L_P = 20 \lg \frac{U_o}{U_i} (\text{dB}) \tag{2-1}$$

必须注意的是,分贝值只说明两个信号的相对大小,不能看作是一个电

压值或功率值。

以点对点的连线来说,发送器(Transmitter)送出的信号必须够强,接收器(Receiver)才有办法识别,但也不能强到发送器或接收器的电路无法接收的程度,造成信号的失真或畸变。因此,当距离远到一定程度以后,势必要使用放大器(Amplifier)或中继器(Repeater)固定地加强信号的强度。对于多点的连线(Multipoint Lines)来说,问题会变得更复杂。

当信号以电磁波的方式在无线信道中传输时,由于电磁波会向四面八方传播,真正到达接收点天线上的信号能量很少,因此扩散损耗非常大。电磁波在自由空间传播的扩散损耗为

$$L = 10 \lg \left(\frac{4\pi d}{\lambda} \right)^2 (\mathrm{dB}) \tag{2-2}$$

式中,d 为传播距离;λ 为电磁波的波长。

图 2-5 是自由空间电磁波能量扩散损耗曲线。例如距离 900MHz 移动通信基站 1km 处电磁波的损耗约为 91.53dB。

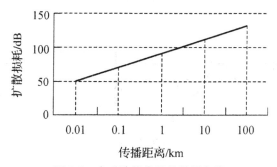

图 2-5　电磁波能量扩散损耗曲线

2.1.3.2　信号的频谱

当信号要在信道中传输时,就必须了解信号在不同频率上的电量(电压幅度、电流幅度或功率)分布,以确定信号在传输过程中是否会受到损伤——产生线性失真。

信号的电量在频率轴上的分布关系称为信号的频谱(Frequency Spectrum)。一个已知波形的信号可以通过数学分析(傅里叶级数或傅里叶变换)计算出其频谱,也可以用频谱分析仪测出它的频谱。图 2-6 是通过计算机仿真得到的周期性方波、周期性三角波和正弦波的波形图与频谱图。

图 2-6(a)是周期性方波的波形图及频谱图。一个周期性方波的频谱由多条谱线组成,第一条谱线称为基波,它的频率与周期信号的重复频率相同;随后的各条谱线分别称为周期信号的 $2,3,4,\cdots,m$ 次谐波,m 次谐波的

频率是基波频率的 m 倍;各谱线的幅度有衰减振荡的变化规律,在 $f =(n \times l)/\tau(\tau$ 为脉冲宽度,n 为整数)处出现零点。通常将第一个零点的频率记作信号的带宽。

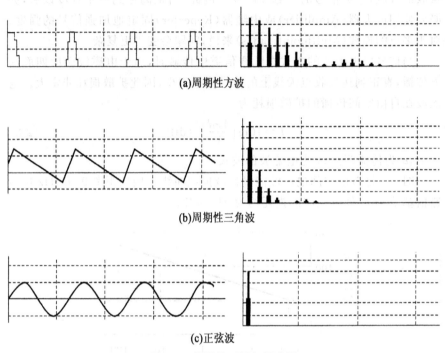

(a)周期性方波

(b)周期性三角波

(c)正弦波

图 2-6　信号波形图与频谱图

　　图 2-6(b)是周期性三角波的波形图及频谱图。与方波相比,两者周期相同,故各谱线的频率也相同,但各谱线幅度衰减的速度要快于方波,零点的频率也低于方波。

　　图 2-6(c)是正弦波的波形图及频谱图。因为正弦波只有一个频率,故频谱图上只有一条谱线。

　　方波是数字通信中使用得较多的一种波形,因此需要做进一步的分析。对图 2-7 中各种周期、占空比下的方波信号频谱进行比较可以得到以下两点结论。

　　(1)同一信号相邻谱线的间隔相同,信号的周期越大,各谱线之间的频率间隔越小。

　　(2)脉冲宽度越窄(信号周期相同,占空比越小),其频谱包络线的零点频率越高,从而相邻两个包络零值之间所包含的谐波分量就越多(信号沿频率轴下降的速度越慢),因而信号所占据的频带宽度就越宽。

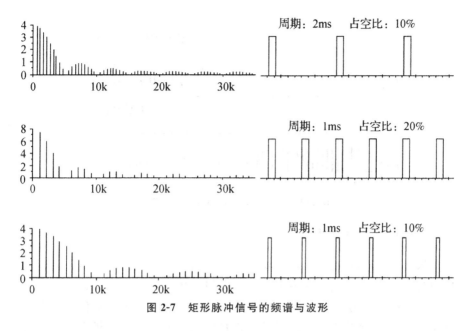

图 2-7　矩形脉冲信号的频谱与波形

2.1.3.3　失真

实际的信号有一定的频带宽度,可以被看作是由多个正弦分量组成的,如果信道对不同频率的正弦分量表现出不同的衰减和时延,信号在信道中传输时不可避免地会产生失真。这种失真不会产生新的频率成分,称为线性失真。

例如,一个方波信号经过信道传输后,由于高频分量受到衰减,信道输出的波形发生了变化,如图 2-8 所示。图 2-9 是一个有一定带宽的信号在通过具有带通特性的信道后信号频谱发生的变化示例。在图 2-9 中,假定传输前的信号在频率 $f_1 \sim f_2$ 范围内各频率成分的大小是一样的,信道的传输特性反映了它对各频率成分的不同衰减,因此信号经过信道传输后各频率成分的大小发生了变化。

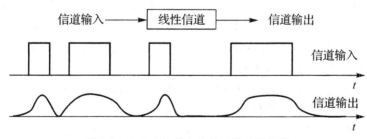

图 2-8　信号在信道中传输时的波形失真

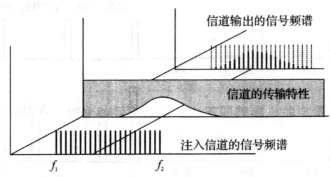

图 2-9　信号传输过程中的线性失真

2.1.3.4　噪声与干扰

噪声(Noise)是电量的随机波动,它会使信号受到影响。信号在信道中传输时,来自信道和传输设备的各种噪声都会叠加到信号上。图 2-10 是一个受到噪声影响的数字信号波型,噪声的存在会影响接收机对信号电平的判断,严重时会造成对信号码元的错误接收(误码)。信号受噪声影响的大小取决于信号与噪声的功率比值,简称信噪比(SNR),其定义如式(2-3)。信噪比值越大,信号的质量就越好。

$$\text{SNR}=\frac{\text{平均信号功率}}{\text{平均噪声功率}}(\text{dB}) \tag{2-3}$$

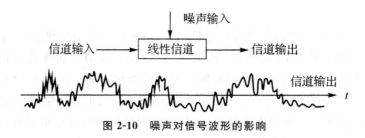

图 2-10　噪声对信号波形的影响

噪声有多种来源且形式也不同。比较常见的一种噪声是热噪声,是电子(Electrons)受热影响而产生的噪声,在各种电子仪器与传输介质上都会有这样的现象,热噪声均匀分布在频谱上,也称为白噪声(White Noise)。通常热噪声无法被移除,因而形成通信系统性能的上限。

热噪声无处不在而且很难抑制。当信号在信道中传输时,信号会受到衰减,但噪声会在信道的任一点上产生,并且会逐点积累,如图 2-11 所示。

噪声的另一种形式是串音(Crosstalk),来自其他通信系统,一般情况下称之为干扰(Disturbance)。使用电话通话时听到第三方的通话声音就是一种串音干扰现象。有线介质会因为电子耦合(Electrical Coupling)效应而发生串音干扰,微波线也会因为信号的扩散(Spread)而收到非接收频道内的信号,从而造成串音干扰。

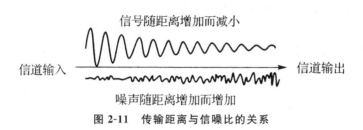

图 2-11　传输距离与信噪比的关系

在有线通信系统中,两条并行的通信线路之间由于分布电容或互感耦合的存在会造成信号的相互干扰,使信道 1 的输出信号中含有来自信道 2 的一部分能量,如图 2-12(a)所示;在频分多路复用的系统中,一个信道中同时有多个不同频率的信号在传播,也可能会造成信号的相互干扰,如图 2-12(b)所示;在无线通信系统中,接收天线会同时收到来自多个通信设备发送的电磁波,它们之间也会产生相互干扰,如图 2-12(c)所示。

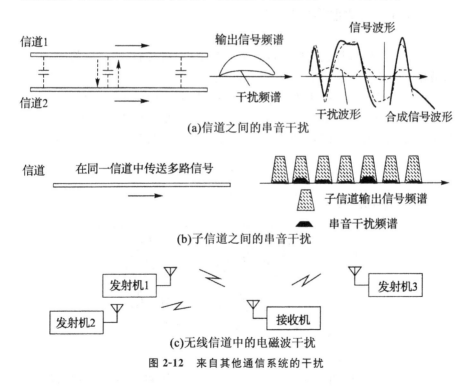

图 2-12　来自其他通信系统的干扰

上述干扰大致上可以分成两类：一类是同频干扰；另一类是非同频干扰。对于同频干扰，由于干扰的频率与信号的频率相同，接收设备几乎无法处理，只能通过对信道的有效屏蔽或改变通信频率来避开干扰；对于非同频干扰，接收机可以用合适的滤波器滤除。

还有一种噪声称为脉冲噪声，由系统外部的各种电器设备产生，如开关、电机等，太阳黑子爆发、雷电等也会产生这种噪声。脉冲噪声发生的时间短，幅度较大，对于模拟信号的影响较轻微，但是对于数字信号有可能造成严重的数据错误。良好的屏蔽装置可有效地抑制脉冲噪声和串音。

2.2 调制解调技术

调制的实质是进行频谱变换，把携带信息的基带信号的频谱搬移到所需要的频谱范围（通常频率变得更高），经过调制后的已调波具有两个基本特性：一是仍然携带信息；二是适合于信道传输。

2.2.1 二进制振幅键控

二进制振幅键控就是用二进制数字基带信号控制正弦载波的幅度，使载波振幅随着二进制数字基带信号而变化。

图 2-13 所示是一个振幅键控（ASK）信号波形的例子。正弦载波的有无受到信码控制。当信码为 1 时，2ASK 信号的波形是若干个周期的高频等幅波（图中为两个周期）；当信码为 0 时，2ASK 信号的波形是零电平。

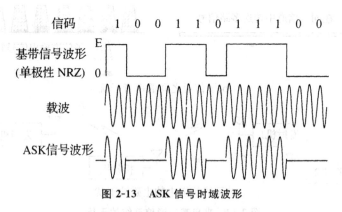

图 2-13　ASK 信号时域波形

ASK 信号的解调有两种方法：一种是非相干解调，即通过包络检波，输出信号包络,再进行抽样判决后恢复原始数据信息;另一种解调方法是相干解调,接收机产生一个与发送载波同频同相的本地载波信号,利用此载波与接收信号相乘,再经滤波、抽样判决后恢复原始数据信息。两种解调方法的原理框图分别如图 2-14 和图 2-15 所示。ASK 信号非相干解调过程的时间波形如图 2-16 所示。

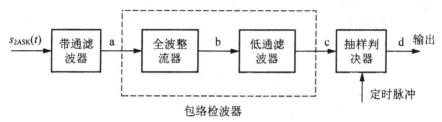

图 2-14　ASK 信号非相干解调原理框图

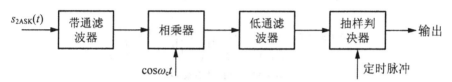

图 2-15　ASK 信号相干解调原理框图

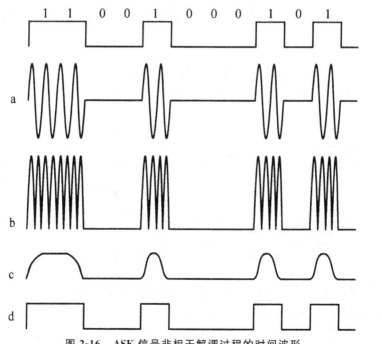

图 2-16　ASK 信号非相干解调过程的时间波形

2.2.2 二进制频移键控

二进制频移键控(2FSK)是用二进制数字信息控制正弦载波的频率,使正弦载波的频率随二进制数字信息的变化而变化。在发送端,产生不同频率的正弦载波来传输数字信息"1"或"0";在接收端,把不同频率的载波还原成相应的数据基带信号。由于二进制数字信息只有两个不同的符号,所以调制后的已调信号有两个不同的频率,波形如图 2-17 所示。

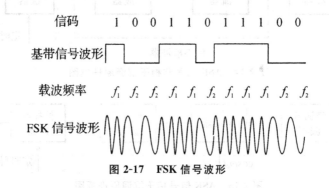

图 2-17　FSK 信号波形

2FSK 信号的产生有模拟调制和数字键控两种方法。图 2-18 采用键控法,用二进制基带信号来控制振荡器,通过开关的转向来输出不同的振荡频率。

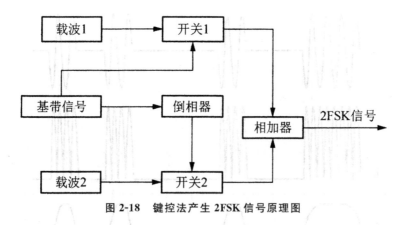

图 2-18　键控法产生 2FSK 信号原理图

如果用两个中心频率分别为 f_1 和 f_2 的带通滤波器对 FSK 信号进行滤波,可以将其分离成两个 ASK 信号波形,如图 2-19 所示,即

FSK 信号波形＝滤波器 1 输出波形＋滤波器 2 输出波形

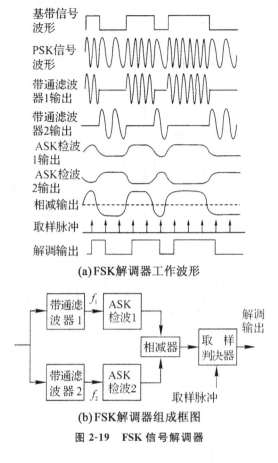

(a)FSK解调器工作波形

(b)FSK解调器组成框图

图 2-19　FSK 信号解调器

对每一个波形都进行 ASK 检波(可以采用相干检波或非相干检波),并将两个检波输出送到相减器,相减后的信号是双极性信号,以零电平作为判决电平,不用像 ASK 解调那样要从信号幅度中提取判决电平。在取样脉冲的控制下进行判决,就可完成 FSK 信号的解调。

2.2.3　二进制相移键控及二进制差分相移键控

2.2.3.1　信号波形

二进制相移键控(PSK)和差分相移键控(DPSK)是载波相位按基带脉冲序列的规律而改变的两种数字调制方式。它们的波形与基带信号波形的关系如图 2-20 所示。

从图 2-20 中可以看到，在 T_1 时刻，信码为 0（这时对应的基带信号波形为高电平），PSK 信号与载波基准有相同的相位，而在 T_2 时刻，信码为 1，PSK 信号与载波基准的相位相反。这种以信号与载波基准的不同相位差直接去表示相应数字信息的相位键控，通常被称为绝对相移键控方式。

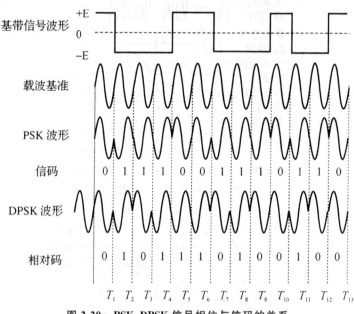

图 2-20 PSK、DPSK 信号相位与信码的关系

相对差分相移键控（DPSK）是利用前后相邻码元的相对相位来表示数字信息的一种方式。例如，从图 2-20 中可以看到，T_2 时刻与 T_1 时刻信号的相位发生了翻转，代表 T_2 时刻的信码为 1，T_5 时刻与 T_4 时刻信号的相位相同，代表信码为 0。

2.2.3.2 PSK 与 DPSK 方式的调制与解调

PSK 与 DPSK 的调制器组成框图如图 2-21 所示。图 2-21(a) 是 PSK 信号调制器电路，载波发生器和移相电路分别产生两个同频反相的正弦波，由信码控制电子开关进行选通，当信码是"0"时，输出"0"相信号；当信码为"1"时，输出"π"相信号。图 2-21(b) 是 DPSK 信号调制器电路，它比图 2-21 (a) 多了一个码变换电路，信码在码变换电路中变换成相对码，再用这个相对码对载波进行 PSK 调制得到 DPSK 信号。

PSK 信号的解调方法有相干解调和非相干解调两种，相干解调器方框图和各功能块输出点的波形如图 2-22 所示。如果将相干解调方式中的"相乘器→低通滤波器"用鉴相器代替,就变为非相干解调器。

(a) PSK调制器　　　　　　　(b) DPSK调制器

图 2-21　PSK 与 DPSK 的调制器组成框图

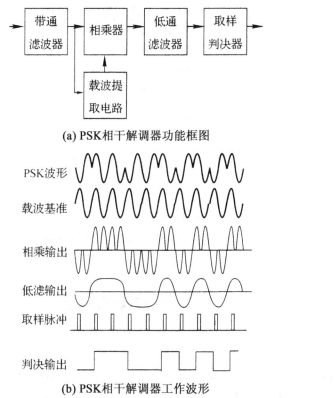

(a) PSK相干解调器功能框图

(b) PSK相干解调器工作波形

图 2-22　PSK 信号解调器

　　DPSK 信号的波形与 PSK 信号的波形相同,因此也能用图 2-22(a)所示的框图进行解调。此外,DPSK 信号解调还可采用差分相干解调的方法,直接将信号前后码元的相位进行比较,如图 2-23 所示。由于此时的解调已同时完成了码变换,故无须码变换器。这种解调方法由于无须专门的相干载波,因而非常实用。

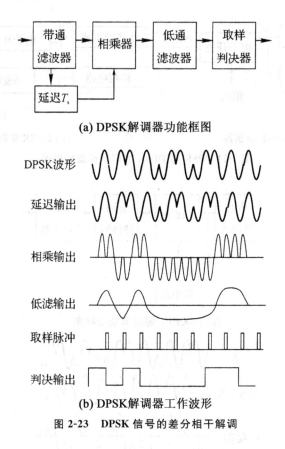

(a) DPSK解调器功能框图

(b) DPSK解调器工作波形

图 2-23　DPSK 信号的差分相干解调

2.3　通信编码技术

　　广义上的编码技术,是指将原始信号(可以是模拟的,也可以是数字的)经过数学转换后编成一系列码字的技术。当然,在编码的过程中要尽量保持原始信号中的信息,以保证能够通过译码手段恢复出原始信号。

　　通信系统的有效性和可靠性是一对矛盾,通常很难寻找到一种既能增加有效性又能同时提高可靠性的技术。编码技术也一样,因此根据目的和手段的不同,可以将编码技术分为两类。

　　第一类为信源编码技术,信源编码可以被定义为将信息或信号按一定的规则进行数字化的过程。自然界中的信号有两种形式:一种是信号本身具有离散的特点,如文字、符号等,这种信号可以用一组一定长度的二进制代码来表示,这一类的码统称为信息码;另一种是连续信号,如语音、图像等。

第二类为信道编码技术,也称为差错控制编码技术。信道编码是通过增加码字,利用冗余来提高抗干扰能力的。

2.3.1　信源编码技术

实际信源可抽象概括为两大类,即离散(或数字)信源和连续(或模拟)信源,其中文字、电报以及各类数据属于离散信源,而未经数字化的语音、图像则属于连续信源。信源输出的平均信息量可定义为信息熵,它定义为单个消息产生的自信息量的概率统计平均值。

$$H(X) = E\{I[P(x_i)]\} = E[-\log P(x_i)]$$

$$= -\sum_{i=1}^{n} P(x_i)\log P(x_i) \tag{2-4}$$

式中,n 为信源产生消息的可能种类数;$P(x_i)$ 为各种情况出现的概率。

根据对信源编码的要求是无失真地恢复出原信源的输出符号还是可允许一定程度上的失真,由此信源编码可分为无失真信源编码和限失真信源编码。通常,离散信源都为无失真编码,连续信源则为限失真编码。信源编码给出了如下定理:对于给定的失真率 D 而言,总是能够找到一种信源编码方法,且只要满足 $R > R(D)$,就可以在平均失真任意接近 D 的条件下实现波形重建。其中,$R(D)$ 称为信息率失真函数,表达式为

$$R(D) = \min_{P(y_i|x_i) \in P_D} I[P(x_i); P(y_i \mid x_i)] \tag{2-5}$$

式中,$P_D = \left\{ P(y_i \mid x_i) : D \geqslant \bar{d} = \sum_{i=1}^{n} \sum_{j=1}^{m} P(x_i)P(y_i \mid x_i)d_{ij} \right\}$ 表示试验信道条件转移概率 $P(y_i|x_i)$ 的变化范围的集合,也可以看成对 $P(y_i|x_i)$ 取值范围的限制;$P(y_i|x_i)$ 表示已知发送信息为 x_i,接收端得到信息 y_i 的概率。

允许失真 D 为信源客观失真函数 $\bar{d}$ 的上界,其中 $\bar{d} = \sum_{i=1}^{n} \sum_{j=1}^{m} P(x_i, y_j)d(x_i, y_i)$,$d(x_i, y_j)$ 为接收序列和发送序列间的汉明距离。由此可见 $R(D)$ 为单调非增函数,速率越高,平均失真越小。

下面介绍几种常见的无失真离散信源编码方法。

2.3.1.1　等长编码

【例 2-1】　设有一个简单离散单消息信源如下:其中,$n=4$,$L=1$,$n^L=4$;$K=2$,$m=2$,$m^K=4$。

$$\binom{X}{P(x_i)} = \begin{bmatrix} x_1 & x_2 & x_3 & x_4 \\ \dfrac{1}{2} & \dfrac{1}{4} & \dfrac{1}{8} & \dfrac{1}{8} \end{bmatrix}$$

等长编码　00　01　10　11

若对其进行无失真等长编码,试求其信源熵 $H(X)$ 及编码效率 η 值。

解：

$$H(X) = -\sum_{i=1}^{4} P(x_i)\log P(x_i) = 1.75\text{bit/symbol}$$

等长编码 $\qquad\qquad\qquad K=2$

编码效率 $\qquad \eta = \dfrac{H(X)}{K} = \dfrac{7/4}{2} = \dfrac{7}{8} = 87.5\%$

例 2.1 的等长编码是无失真编码,但其编码效率低。

2.3.1.2　变长编码

为提高编码效率(即提高编码的有效性),需要将单消息信源进行扩展,构成消息序列,然后进行联合编码。但是,要实现近似无失真信源编码,需要近似 100 万个信源符号进行联合编码才能达到,这显然是不现实的。可以得出结论:对于概率特性相差较大的信源采用等长编码是不大现实的,然而大部分实际信源其概率特性都相差比较大。因此,很自然地人们将注意力转向变长编码,采用变长编码来构造最优的信源编码。为此,从 20 世纪 40 年代开始,就先后由香农、费诺和哈夫曼分别提出了各自的编码算法,其中 1952 年提出的哈夫曼码是一类异前置(或非延长)的变长编码,其平均码长最短,称它为最佳变长编码。

2.3.1.3　霍夫曼编码

霍夫曼编码是变长编码,也是一类重要的异前置码。它能够提供逼近信源熵的编码序列,其编码效率高,且能无失真地译码。

2.3.1.4　香农码

香农码的根据:离散无记忆信源的自信息量。设离散无记忆信源所对应的概率空间为

$$\binom{X}{P(x)} = \begin{bmatrix} a_1 & a_2 & \cdots & a_r \\ P(a_1) & P(a_2) & \cdots & P(a_r) \end{bmatrix}$$

对应码字的长度 L_i 应满足下列关系:

符号自信息量 $I(x_i) \leqslant l_i < I(x_i) + 1 \quad \forall i$

这样就可以保证对于每个信源符号而言,码字长度是最佳的。

香农编码方法如下:

(1)将信源消息符号按其出现的概率大小依次排列为

$$P_1 \geqslant P_2 \geqslant \cdots \geqslant P_n$$

(2)确定每个信源符号的码长,同时保证码长为满足下列不等式的整数。

$$-lbP(a_i) \leqslant l_i < -lbP(a_i)+1$$

(3)为了编成唯一的可译码,计算第 i 个消息的累加概率。

$$P_i = \sum_{k=1}^{i-1} P(a_k)$$

(4)将累加的概率 P_i 表示为二进制形式。

(5)取二进制数的小数点后 l_i 位作为该消息符号的二进制码字。

2.3.1.5　游程编码

游程是指符号序列中的各个符号连续重复地出现而形成的符号串的长度,又称之为游程长度或游长。游程编码就是将这种符号序列映射成游程长度和对应符号序列的位置的标志序列。

游程编码方法如下:测定"0"游程与"1"游程长度的概率分布,以游程长度为基本单元组成一个新的信源,进而对新的信源进行霍夫曼编码。

若二元独立序列的统计特性已知,由二元独立序列与游程序列的一一对应性,可计算出游程长度序列的概率特性。设二元独立序列中符号 0 和 1 出现的概率分别为 $p(0)$ 和 $p(1)$,则"0"游程长度 $L(0)$ 的概率为

$$p[L(0)] = p_0^{L(0)-1} p_1, L(0) = 1,2,3,\cdots \tag{2-6}$$

同理可得"1"游程长度 $L(1)$ 的概率为

$$p[L(1)] = p_0 p_1^{L(1)-1}, L(1) = 1,2,3,\cdots \tag{2-7}$$

且有 $\displaystyle\sum_{L(0)=1}^{\infty} p[L(0)] = 1, \sum_{L(1)=1}^{\infty} p[L(1)] = 1$。

"0"游程长度序列的熵为

$$H[L(0)] = \frac{H(p_0)}{p_1} \tag{2-8}$$

"1"游程长度序列的熵为

$$H[L(1)] = \frac{H(p_1)}{p_0} \tag{2-9}$$

"0"游程的平均长度 $\overline{l_0} = 1/p_1$,"1"游程的平均长度 $\overline{l_1} = 1/p_0$,假设"0"游程长度和"1"游程长度的霍夫曼编码效率分别为 η_0、η_1,则二元序列的游程编码效率为

$$\eta = \frac{H[L(0)] + H[L(1)]}{\frac{H[L(0)]}{\eta_0} + \frac{H[L(1)]}{\eta_1}} \tag{2-10}$$

根据式(2-10)，假设 $\eta_0 > \eta_1$，易知 $\eta_0 > \eta > \eta_1$。

当"0"游程和"1"游程的编码效率较高时，整个的编码效率会极大地提高，至少不会低于较小的那个游程的编码效率，要想游程的整体编码效率尽可能高，应尽量提高熵值较大的游程的编码效率，尽管游程长度可以从 1 一直到无穷长，但建立游程长度与霍夫曼码字之间的一一对应码表非常困难：游程越长，其出现的概率就越小，由霍夫曼码的编码规则，概率越小，码字越长；但小概率对应的长码字对平均码长影响很小，故对较长的二元序列，游程编码一般需采用截断处理。

2.3.2　信道编码技术

数字信号在信道中传输，由于实际信道的传输不畅以及干扰的存在，在接收端常会产生误码。为了提高数字通信的可靠性，可合理地设计系统的发送和接收滤波器，采用均衡技术，消除数字系统中码间干扰的影响，还可选择合适的调制解调技术，增加发射机功率，采用先进的天线技术等。若数字系统的误码仍不能满足要求，则可以采用信道编码技术进一步降低误码率。

信道编码按照一定的规律给信息增加冗余度，使原始信息转变为具有一定规律的数字信息，信道译码是利用规律性来鉴别有无错误的发生，发生错误须及时纠正。

下面介绍几种常用的检错码及差错控制方式。这些码虽然简单，但由于它们易于实现，检错能力较强，因此实际系统中用得很多。纠检错码必须与相应的差错控制方式相结合才能发挥作用。

2.3.2.1　奇偶监督码

奇偶监督码是一种最简单也是最基本的检错码，又称为奇偶校验码。发送端将二进制信息码序列分成等长码组，并在每一码组之后添加一位二进制码元，该码元称为监督码元，使该码字中"1"的数目为奇数或偶数，奇数时称为奇监督码，偶数时称为偶监督码。信息组长度为 3 时的奇监督码和偶监督码见表 2-1。监督码取 1 还是 0，要根据信息码组中 1 的个数而定。例如对于奇校验法，要求每一码组（包括监督码）中 1 的个数为奇数，因此当信息码组中 1 的个数是奇数时，监督码取 0，否则取 1；而对于偶校验法，要求每个添加的监督码能使该码组的 1 的个数是偶数。

表 2-1　码长为 4 的奇、偶监督码

序号	码长为 4 的奇监督码		码长为 4 的偶监督码	
	信息码元 $a_3a_2a_1$	监督码元 a_0	信息码元 $a_3a_2a_1$	监督码元 a_0
0	000	1	000	0
1	001	0	001	1
2	010	0	010	1
3	011	1	011	0
4	100	0	100	1
5	101	1	101	0
6	110	1	110	0
7	111	0	111	1

奇偶监督码的译码也很简单,译码器检查接收码字中"1"的个数是否符合编码时的规律。如奇监督码,接收码字中"1"的个数为奇数,如果"1"的个数符合编码时的规律,则译码器认为接收码字没有错误;如"1"的个数为偶数,不符合编码时的规律,则译码器认为接收码字中有错误。

不难看出,这种奇偶监督码只能发现奇数个错误,而不能检测出偶数个错误,因此它的检错能力不高。但是由于该码的编、译码方法简单,而且在很多实际系统中,码字中发生单个错误的可能性比发生多个错误的可能性大,所以奇偶监督码得到广泛应用。

2.3.2.2　行列奇偶监督码

行列奇偶监督码又称二维奇偶监督码或矩阵码。一个行列监督码字的例子如图 2-24 所示,行监督码与列监督码都采用偶监督码,即保证每行与每列的"1"码个数为偶数。

1	1	0	0	1	0	1	0	0	0	0
0	1	0	0	0	0	1	1	0	1	0
0	1	1	1	1	0	0	0	0	0	1
1	0	0	1	1	1	0	0	0	0	0
1	0	1	0	1	0	1	0	1	0	1
1	1	0	0	0	1	1	1	1	0	0

图 2-24　行列奇偶监督码

这种码具有较强的检测随机错误的能力,能发现 1、2、3 及其他奇数个错误,也能发现大部分偶数个错误,但分布在矩形的四个顶点上的偶数个错误无法发现。

这种码还能发现长度不大于行数或列数的突发错误。这种码也能纠正单个错误或仅在一行中的奇数个错误,因为这些错误的位置是可以由行、列监督而确定。

2.3.2.3 恒比码

恒比码也称为等重码或等比码。这种码的特点是码字中"1"和"0"的位数保持恒定。当前我国比较常用的恒比码为五单位 3:2 数字保护码,其中"1""0"个数之比为 3:2。此码共有 10 个码字,恰好可用来表示 10 个阿拉伯数字,如表 2-2 所示。

在国际无线电报通信中,目前广泛采用的是"7 中取 3"恒比码,这种码组中规定总是有 3 个"1",因此共有 $C_7^3 = 7!/(4! \times 3!) = 35$ 种码组,它们可用来代表 26 个英文字母和符号。

信号的传输采用了差错控制编码后可靠性可以提高,但由于在信码中增加了不带有信息的码元,系统的有效性就会下降。

表 2-2　五单位 3:2 数字保护码

数　字	码　字				
0	0	1	1	0	1
1	0	1	0	1	1
2	1	1	0	0	1
3	1	0	0	1	0
4	1	1	0	1	0
5	0	0	1	1	1
6	1	0	1	0	1
7	1	1	1	0	0
8	0	1	1	1	0
9	1	0	0	1	1

不难看出,恒比码能够检测码字中所有奇数个错误及部分偶数个错误。该码的主要优点是简单。实践证明,采用这种码后,我国汉字电报的差错率大为降低。

2.3.2.4　差错控制方式

实际的通信系统中,纠检错码通常结合各种差错控制方式一起实现纠检错功能,提高通信的可靠性。

常用的差错控制方式主要有三种:前向纠错(FEC)、检错重发(ARQ)和混合纠错(HEC)。它们所对应的差错控制系统如图 2-25 所示。

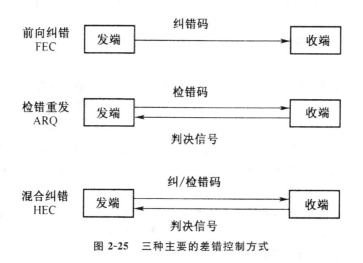

图 2-25　三种主要的差错控制方式

前向纠错记作 FEC,又称自动纠错。在这种系统中,发端发送纠错码,收端译码器自动发现并纠正错误。其特点是不需要反向借道,实时性好,适合于要求实时传输信号的系统,但编码、译码电路相对较复杂。

检错重发记作 ARQ,又叫自动请求重发。在这种系统中,发端发送检错码,通过正向信道送到收端,收端译码器检测判决收到的码字中有无错误,再把判决结果通过反馈信道送回发端,发端根据判决信号将收端认为有错的消息重发到收端,直到正确接收为止。其特点是需要反向信道,编、译码设备简单。适合于不要求实时传输但要求误码率很低的数据传输系统。

混合纠错记作 HEC,是 FEC 与 ARQ 的混合。发端发送纠/检错码(纠错的同时检错),通过正向信道送到收端,收端对错误能纠正的就自动纠正,纠正不了时就等待发端重发。它同时具有 FEC 的高传输效率、ARQ 的低误码率及编码、译码设备简单等优点。但它需要反向信道,实时性差,所以不适合于实时传输信号。

2.4 多址接入技术

在无线通信系统中,为了使通信的双方可以同时发送和接收信号,必须采用双工通信方式,即每一个用户信道由两个信道组成,一个信道用来发送信号,另一个信道用来接收信号。这可以通过频域技术或时域技术来实现。

2.4.1 频分多址技术

频分多路复用(Frequency Division Multiplexing)把移动设备与基站之间的空中接口(Air Interface)的带宽分割成数个模拟频道(Analog Channel)。举例来说,一个15MHz的频谱(Frequency Spectrum)可以分成多个200kHz的频道。假如双向的传送信号各用一个FDMA频道,就称为频分双工(Frequency Division Duplex,FDD)或全双工(Full-Full Duplex,FFD)。

在整个通信领域,无论是无线通信还是有线通信,频分多址(Frequency Division Multiple Access,FDMA)是最经典的多址技术,在通信电缆、卫星通路和各种无线通信网中,很多使用频分多址。

频分多址是一种常用的多址方式。它按频率划分,把各站发射的信号配置在卫星频带内的指定位置上。为了使各载波之间互不干扰,它们的中心频率必须有足够的时间间隔,而且要留有保护频带。

如果用频率、时间和码型作为三维空间的三个坐标,则FDMA/FDD数据通信系统在这个坐标系中的位置如图2-26所示,它表示系统的每个用户由不同的频道所区分,但可以在同一时间、用同一代码进行通信。为了防止各用户收、发信号相互干扰,各用户收、发频道之间通常都要留有一段间隔频段,称为保护频段,此间隔必须大于一定的数值,例如在800～900MHz频段,收、发频率间隔通常为45MHz。

2.4.2 时分多址技术

时分多址(Time Division Multiple Access,TDMA)的系统将无线电频道以时间来分割,分成多个时隙(Time Slot),每个时隙内只有一个用户可以传送或接收数据。假设一个数据帧(Frame)含有 N 个时隙,则每个时隙就有点像不同的信道。对于用户来说,传送信号的过程是不连续的。因此,尽管 FDMA 可以使用模拟的频率调制（Frequency Modulation，FM），TD-MA 却只能用于数字调制的情况。

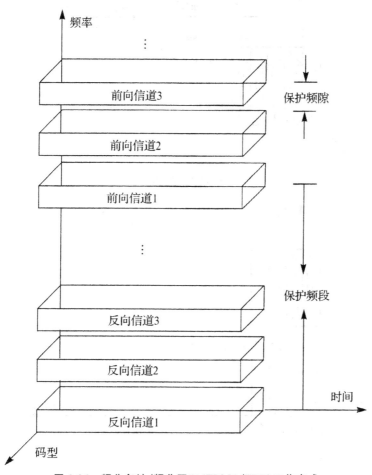

图 2-26　频分多址/频分双工（FDMA/FDD）工作方式

　　图 2-27 所示为 TDMA 数据帧的结构（Frame Structure）。一个数据帧含有数个时隙，以 TDMA/TDD 来说，有一半时隙用于前向信道（Forward Channel），另一半时隙用于反向信道（Reverse Channel）。在 TDMA/FDD 中，相同或类似的数据帧结构分别用于前向信道与反向信道，但两个信道的载波频率是不同的。TDMA 数据帧中的前导字段（Preamble 字段）含有基站和移动设备的地址与同步信息，让彼此之间能互相识别。

　　如果用频率、时间和码型作为三维空间的三个坐标，则 TDMA 数据通信系统在这个坐标系中的位置如图 2-27 所示，它表示系统的每个用户由不同的时隙所区分,但可以在同一频段、用同一代码进行通信。

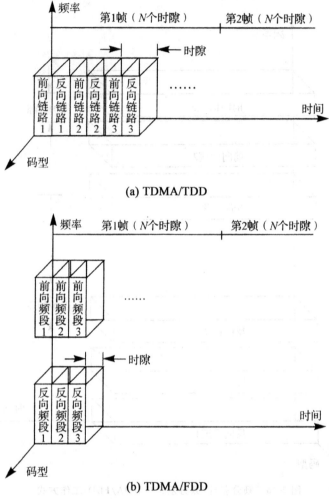

(a) TDMA/TDD

(b) TDMA/FDD

图 2-27　时分双工与频分双工的时分多址工作方式

在时分多址/时分双工(TDMA/TDD)工作方式中,帧结构中的每个时隙的一半用于前向链路,而另一半用于反向链路。

在时分多址/频分双工(TDMA/FDD)工作方式中,其前向频段和反向频段有一个完全相同或相似的帧结构,前者用于前向传送,后者用于反向传送。

2.4.3　码分多址技术

码分多址(Code Division Multiple Access,CDMA)系统是以码型结构作为信号分割的参量,它为每一用户分派了特定的用户码——地址码。码分多址把用户都放到同样的频谱范围中,这个概念用到了展频技术,网络流量在传送时分布到整个使用的频谱上,通信信道上的用户以一个唯一的标识码来识别,同样的标识码用来将信号编码、展频,同时在接收端译码。

如图 2-28 所示,在码分多址/频分双工(CDMA/FDD)工作方式中,每一个用户分配有一个地址码,这些码型信号相互正交(即码型互不重叠),并在同一载波上传输,其用户的前向信道和反向信道采用频率划分实现双工通信。

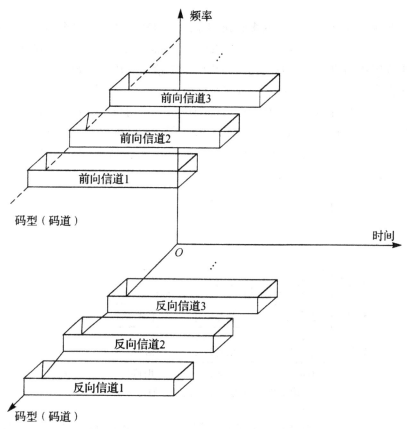

图 2-28　码分多址/频分双工(CDMA/FDD)工作方式

为了实现双工通信,码分多址工作方式可以采用频分双工技术,也可以采用时分双工技术。

2.4.4 扩频及混合多址技术

目前,扩频及混合多址技术主要有三种:直接序列扩频多址(Direct Sequence Spread Spectrum Multiple Access,DS-SSMA)、跳频多址(Frequency Hopping Multiple Access,FHMA)和混合扩频多址(Hybrid Spread Spectrum Multiple Access,HSSMA)。

直接序列扩频多址也叫作码分多址(CDMA),是最基本的多址技术之一,根据扩频后的频谱(或扩频序列码的长短)分为窄带 CDMA 和宽带 CDMA,前面已有所讨论,这里不再介绍,下面仅介绍 FHMA 和 HSSMA。

2.4.4.1 跳频多址

跳频多址是一种数字的多路访问系统,FHMA 可以让多个用户同时使用同一个频段,每个用户会有一个 PN 码(Pseudorandom Code,伪随机码),用来确定该用户在某个时间内所占用的窄带信道。用户的数字数据会分割成相同大小的突发片段(Burst),在所分配的频段里的不同频道上传送。每个传输频段所占的带宽远小于所有的频段带宽。用户的频道频率以伪随机的(Pseudorandom)方式改变,相当于用户所占用的频道会随机地改变,这是 FHMA 支持多路访问的方式。图 2-29 说明了跳频多址系统的工作方式。

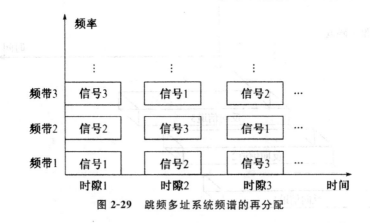

图 2-29　跳频多址系统频谱的再分配

假设跳频系统的有效信道带宽被划分为 n 个频带(或载波),则最多可

以有 n 个用户占用这 n 个频带(或载波),但各个用户在各时间段(时隙)所占用的频带(或载波)是不同的,所以,用户数据将在不同的载波上发射,并且任一个发射组的瞬时带宽都比整个信道扩展带宽小得多。

在 FHMA 接收机中,用当地产生的 PN 代码来使接收机的瞬时载波与发送机同步,以便正确地接收跳频信号。

2.4.4.2　混合扩频多址

在频率、时间或码型的信号参量中,用两个以上信号参量来分割用户的技术称为混合多址技术,常用的有频分/码分、时分/码分、跳频/码分、时分/跳频等混合多址技术。由于这些混合多址方式中均使用扩频技术,所以常称为混合扩频多址(HSSMA)技术。这些技术各具优点,下面就简单讨论其原理。

1. 频分/码分混合多址技术

频分/码分多址(FDMA/CDMA)又称频分 CDMA(FCDMA),是频分多址技术与码分多址技术相结合而形成的一种混合扩频技术。

首先将系统的有效宽带频谱划分为(频分)若干个子频谱,这些子频谱不是直接分配给各用户,而是分配给各窄带 CDMA 系统。也就是说以码分多址为基础,占用有效宽带频谱中的一个子频谱,形成一个窄带 CDMA 系统,一个一个频谱分开的窄带 CDMA 系统,构成了频分/码分混合多址方式。图 2-30 说明了各用户采用频分双工工作时,用户的区分采用频分/码分混合多址方式。

频分 CDMA 系统的优点是:一是整个系统的有效带宽可以不连续;二是可以根据不同用户的不同要求分配其在不同的子频谱上;三是整个系统的容量就是所有窄带 CDMA 系统的容量之和。

2. 时分/码分混合多址技术

时分/码分多址(TDMA/CDMA)又称时分 CDMA(TCDMA),是时分多址技术与码分多址技术相结合而形成的一种混合扩频技术,如图 2-31 所示。

在 TCDMA 系统中,一个码分地址(扩频代码)不是直接分配给一个特定用户,而是分配给一个特定的小区用户群,在小区内,给每个用户再分配一个特定的时隙(时分)。因此,在任意时刻,每一小区只有一个 CDMA 用户在发射和接收信号。当发生从一个小区到另一个小区的切换时,该用户的扩频代码就变成新小区的扩频代码。

时分 CDMA 系统的优点是:由于在一个小区内的任一时刻只有一个用户在发射和接收信号,避免了远近效应。

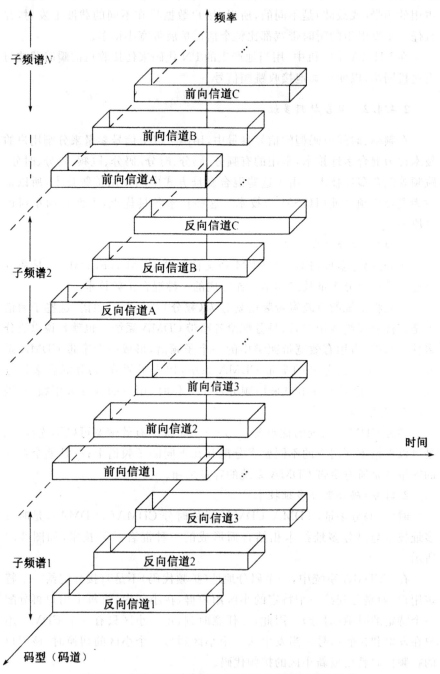

图 2-30 频分双工时的频分/码分混合多址方式示意图

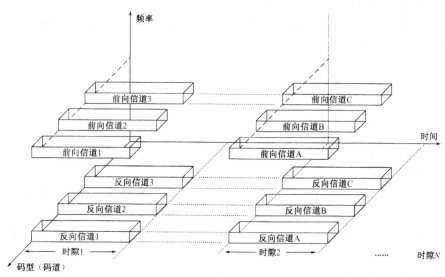

图 2-31　频分双工时的时分/码分混合多址方式示意图

3. 跳频/码分混合多址技术

跳频/码分多址（FHMA/CDMA）又称跳频 CDMA（FHCDMA），是跳频多址技术与码分多址技术相结合而形成的一种混合扩频技术。它以码分多址为基础，占用有效宽带频谱中的一个子频谱，形成一个窄带 CDMA 系统，但是这个窄带 CDMA 系统所占用的子频谱不是固定的，而是以伪随机方式在有效宽带频谱范围内跳变（跳频）。

跳频 CDMA 系统的优点是避免了远近效应，然而这种混合系统不适用于软切换处理，因为很难使跳频 CDMA 基站接收机和多路跳频信号同步。

跳频 CDMA 与 频分 CDMA 的 区 别 是：FHCDMA 中有多个窄带 CDMA 系统，它们各自占用 FHCDMA 系统有效宽带频谱范围内若干个子频谱中的一个，但不是固定不变。而是随时间的变化，即随时间不断地以伪随机方式重新分配子频谱；FCDMA 也有多个窄带 CDMA 系统，但是每个窄带 CDMA 系统固定地占用 FCDMA 系统有效宽带频谱范围内的一个子频谱，不随时间变化。

4. 时分/跳频混合多址技术

时分/跳频多址（TDMA/FHMA）又称时分 FHMA（TFHMA），是时分多址技术与跳频多址技术相结合而形成的一种混合扩频技术。它以跳频多址为基础，但每个跳频地址不是分配给一个用户，而是分配给若干个用户，然后再把系统占用某一频段的时间划分为若干个时隙分配给若干个用户(时分),从而构成时分 FHMA 系统。

GSM 标准已经采用此项技术。在 GSM 标准中,预先定义了跳频序列,并且允许用户在指定小区的特定频率上跳频。

2.4.5 空分多址技术

在无线多址技术中,除了根据信号的频率、时间和码型等参量来分割用户的技术外,还可以根据天线辐射波束的空间特征来区分用户,下面简单讨论其多址原理。

空分多址(Space Division Multiple Access,SDMA)也称为多波束频带再利用(Multiple Beam Frequency Reuse),它是以空间特征作为用户信号的分割参量,目前利用最多也是最明显的空间特征就是用户的位置,即利用电磁波传播的特点可以使不同地域的用户在同一时间使用同一频率实现互不干扰的通信。图 2-32 为定向窄波束辐射时的空分多址方式的工作示意图。

图 2-32　空分多址方式的工作示意图

空分多址技术可以控制覆盖范围内用户的辐射能量,使用点波束天线,各个天线波束覆盖的不同区域可以使用相同的频率,例如 TDMA 与 CDMA 系统,或使用不同的频率,例如 FDMA 系统分区天线可以看成是 SDMA 的一种原始的应用。在功率的控制上,由移动设备发送给基站的反向信道部分是有难度的,因为传输路径、移动设备电流电量等都会产生影响,这些因素比较难以控制与预测。

空分多址是一种比较早期的多址方式,在频率资源管理上早已被使用。蜂窝移动通信就是由于充分运用了这种多址方式,才能使有限的频谱构成大容量的通信系统,不过在蜂窝移动通信中把这种技术称为频率再用技术。

此外,一个完善的自适应式天线系统可以提供在小区域内不受其他用户干扰的唯一信道,即提供最理想的 SDMA,同时也可以在小区域内搜索用户的多个多径分量,并且以最理想的方式组合它们,以收集从每个用户发来的所有有效信号能量,从而有效地克服多径干扰和同信道干扰。尽管上述理想情况是不可能实现的,因为它需要无限多个阵元,但采用适当数目的阵元还是可以获得较大的系统增益的。

卫星通信中采用窄波束天线实现空分多址,也提高了频谱的利用率。但由于波束的分辨率是非常有限的,即使卫星天线采用了阵列处理技术,使得波束的分辨率有了较大的提高,也还是不能满足实际应用的要求,所以空分多址通常与其他多址方式综合运用。

激光束的方向性非常好、散射非常小,一束激光从地球传播到月球(地球到月球的距离为 38.44 万千米)所覆盖面积的直径只有几千米至几十千米。如果将激光束从距地面几百千米的卫星上发射到地面,所覆盖面积的直径只有几米至几十米,其分辨率非常高。所以,空间激光通信的深入研究必将为空分多址方式的应用开辟更加广阔的前景。

在技术飞速发展的今天,人们发现空间特征不仅仅是位置,一些过去认为无法使用的空间特征现在正逐步被人们利用,形成以智能天线为基础的新一代空分多址方式。

2.5　分集接收技术

分集(Diversity)就是在各个独立的衰落路径上传输相同的数据,由于各个独立路径在相同的时刻经历相同的深度衰落的可能性较小,那么经过适当的合并之后,合成信号的衰落程度就会显著地减小。

2.5.1　分集方式

2.5.1.1　空间分集

实现分集的前提是能够找到多个独立的衰落路径。一种典型的方法是采用多个发射或者接收天线,亦即天线阵列,其阵元之间需要保持一定的空间距离,这样的分集即空间分集(Space Diversity),其基本结构如图 2-33 所示。

对于空间分集,无论是在发射端实现还是在接收端实现,为了获得最大的分集增益,一般要求收发天线保持足够的距离,以使各天线上信号经历的衰落近似相互独立。如果收发天线具有强的方向性,由于多径成分主要集中在天线主瓣内,相对发散角度很小,故需要更大的天线间距才能够获得独立的衰落,且天线的方向性越强,需要的间距越大。作为各接收天线之间的

距离应满足

$$d > 3\lambda \tag{2-11}$$

式中，d 为各接收天线之间的距离；λ 为工作波长。

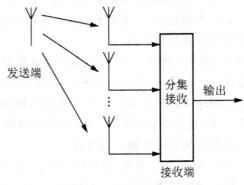

发送端

分集
接收 输出

接收端

图 2-33 空间分集示意图

2.5.1.2 频率分集

频率分集是利用快衰落的频率独立性来实现抗衰落的，只要载波频率之间的间隔大到一定程度，则接收端所接收到信号的衰落是相互独立的。因此，载波频率的间隔应满足

$$\Delta f > B_{\mathrm{c}} = \frac{1}{\Delta \tau_{\mathrm{m}}} \tag{2-12}$$

式中，Δf 为载波频率间隔；B_{c} 为相干带宽；$\Delta \tau_{\mathrm{m}}$ 为最大多径时延差。

频率分集利用不同频率的载波发送相同的信号，只要其频率间隔大于信道的相干带宽，则可以认为不同载波经历的衰落相互独立。

2.5.1.3 时间分集

时间分集是将同一信号在不同的时间区间多次重发，只要各次发送的时间间隔足够大，则各次发送信号具有相互独立的衰落特性。为了保证重复发送的数字信号具有独立的衰落特性，重复发送的时间间隔应满足

$$\Delta t \geqslant \frac{1}{2 f_{\mathrm{m}}} = \frac{1}{2(v/\lambda)} \tag{2-13}$$

式中，f_{m} 为衰落频率；v 为移动台运动速度；λ 为工作波长。

时间分集系统中同一信息重复发送，只要重复发送的间隔大于信道的相干时间（多普勒扩展的倒数），则可认为彼此相互独立。时间分集缺陷在于其降低了信道的传输速率。通过编码与交织的方法也可以实现时间分集。时间分集不适用于静态信道，因为静态信道的相干时间无限大，衰落在

时间上具有很强的相干性。

2.5.1.4　极化分集

除了采用多天线的空间分集之外,还可以利用天线的极化方式来实现极化分集,利用电波在传播过程中不同极化经历的衰落具有很强的独立性,实现深衰落的补偿。但是极化分集具有缺点:①对应两种极化方向(水平极化、垂直极化)最多只有两个分集支路;②极化分集中功率要分配到两个极化方向上,故极化分集有 3dB 的功率损失。

2.5.1.5　角度分集

在接收端可以采用方向性天线,分别指向不同的到达方向,则每个方向性天线接收到的多径信号是不相关的,具有互相独立的衰落特性,从而可以实现角度分集并获得抗衰落的效果。

角度分集方法需要采用足够多的定向天线以覆盖所有可能的信号到达方向,或者其中的一个天线对准一条信号的最强的多径方向。其缺陷在于很多多径信号的到达角可能位于接收波束之外,故除非天线的增益可以弥补这种损失,否则定向天线可能会降低信噪比。智能天线技术通过调整每个阵元的加权值,可以把方向对准最强的信号路径到达方向。

此外,根据分集的位置,分集方式可以分为发射分集、接收分集和收发联合分集。根据分集的目的,分集方式可以分为宏观分集(抗大尺度衰落)和微观分集(抗小尺度衰落)。宏观分集常用于蜂窝移动通信系统,主要是克服由周围环境地形和地域差别而导致的阴影区引起的抗大尺度衰落;微观分集主要克服小尺度衰落。

2.5.2　合并方式

合并是根据某种方式将接收端分集接收到的多个衰落特性相互独立的信号相加后合并输出,从而获得分集增益。从合并所处的位置来看,合并可以在检测器之前,也可以在检测器之后,分别如图 2-34 和图 2-35 所示。

假设 N 个输入信号为 $r_1(t), r_2(t), \cdots, r_N(t)$,则合并器的输出信号 $r(t)$ 为

$$r(t) = k_1 r_1(t) + k_2 r_2(t) + \cdots + k_N r_N(t) = \sum_{i=1}^{N} k_i r_i(t) \qquad (2\text{-}14)$$

式中,k_i 为第 i 路信号的加权系数。根据加权系数的不同,合并方式主要有选择式合并、等增益合并、最大比合并等。

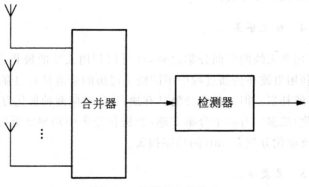

图 2-34　检测前合并技术

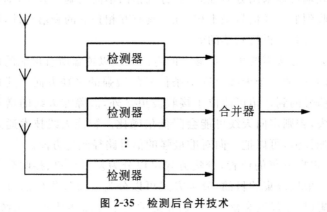

图 2-35　检测后合并技术

2.5.2.1　选择式合并

选择式合并(Selection Combining,SC)的基本思想是选择信噪比最高的那条支路的信号。也就是将 N 个分散接收的信号先送入选择逻辑,选择逻辑再从 N 个接收信号中选取信噪比最大的一个作为接收信号输出,其原理如图 2-36 所示。

选择式合并的平均输出信噪比为

$$\bar{r}_{M} = \bar{r}_{0} \sum_{k=1}^{N} \frac{1}{k} \tag{2-15}$$

合并增益为

$$G_{M} = \frac{\bar{r}_{M}}{\bar{r}_{0}} = \sum_{k=1}^{N} \frac{1}{k} \tag{2-16}$$

式中,$\bar{r}_{M}$ 为合并器平均输出信噪比;$\bar{r}_{0}$ 为支路信号最大平均信噪比。

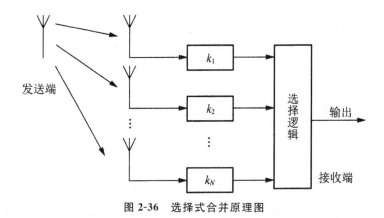

图 2-36　选择式合并原理图

2.5.2.2　等增益合并

等增益合并(Equal-Gain Combining,EGC)的基本思想是把各条支路的信号进行同相后叠加,亦即加权时各支路的权值相同。等增益合并原理如图 2-37 所示。等增益合并的平均输出信噪比为

$$\bar{r}_{M} = \bar{r}\left[1 + (N-1)\frac{\pi}{4}\right] \tag{2-17}$$

式中,$\bar{r}$ 为合并前每条支路的平均信噪比。合并增益为

$$G_{M} = \frac{\bar{r}_{M}}{\bar{r}} = 1 + (N-1)\frac{\pi}{4} \tag{2-18}$$

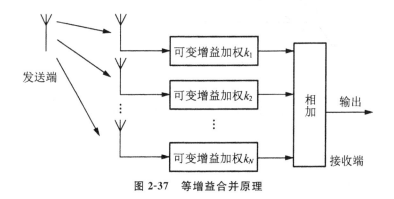

图 2-37　等增益合并原理

2.5.2.3　最大比合并

最大比合并(Maximal Ratio Combining,MRC)是最佳的分集合并方式,它可以获得最大的输出信噪比。最大比合并是各分集支路采用相同的衰落增益求权然后再合并,这个权值与本支路的信噪比成正比,信噪比越

大,加权系数越大,对合并后信号贡献也就越大。若每条支路的平均噪声功率相等,则可以证明:当各支路加权系数为 $a_k = A_k / \sigma^2$ 时,其中 A_k 为第 k 条支路信号的幅度,σ^2 为每条支路噪声平均功率,分集合并后的平均输出信噪比最大。最大比合并后的平均输出信噪比为

$$\bar{r}_M = N\bar{r} \tag{2-19}$$

合并增益为

$$G_M = \frac{\bar{r}_M}{\bar{r}} = N \tag{2-20}$$

由此可见,合并增益与分集支路数 N 成正比。

比较上述 3 种合并方式,最大比合并性能最好,但其实现比较复杂;选择式合并实现最简单,但其性能也最差;等增益合并实现起来难度适中,其性能接近最大比合并,是比较常用的一种合并方式。这 3 种合并方式的性能分析与比较如图 2-38 所示。

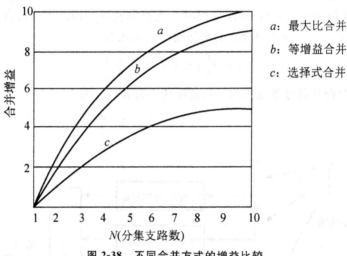

图 2-38　不同合并方式的增益比较

第3章 RFID无线通信技术

射频识别技术(英文全称,RFID,也称电子标签技术)运用体积非常小的无线通信芯片与大线构成的器件,搭配特定的读写设备,让装有这种器件的物品能通过无线通信被有效地识别,就这么简单的功能却引发了极大的市场商机,有很多生活上的便利就是来自这样的科技,只是平时没有特别去注意,等到了解这些科技后,就会发现其奥妙之处。

3.1 RFID 技术

自动识别(Automatic Identification,Auto ID)是一种高度自动化的信息或数据采集技术,主要的功能是帮助机器设备识别物品,自动识别的过程中其实也自动获取数据,所以整个自动识别除了识别物品以外,也自动获取与物品相关的信息,并输入到计算机中,不需要用户自己输入数据。所以,自动识别系统通常都具备以下特点:

(1)提高效率。

(2)降低数据输入的错误。

(3)减少工作人员的工作量。

有哪些技术属于自动识别技术呢?条形码(Bar Code)、智能卡(Smart Card)、语音识别(Voice Recognition)、生物技术(Biometric Technologies)、光学字符识别(Optical Character Recognition,OCR)与射频识别(Radio Frequency Identification,RFID)等都属于自动识别技术。

3.1.1 射频识别技术的概念

射频识别技术是利用射频信号通过空间耦合(交变磁场或电磁场)实现无接触信息传递并通过所传递的信息达到识别目的,对静止或移动物体实现自动识别。RFID较其他技术明显的优点是:电子标签和阅读器无须接触便可完成识别。RFID 技术可识别高速运动物体并可同时识别多个标签,操作快捷方便。RFID 系统通常由电子标签、阅读器和天线组成。

3.1.2 RFID 技术使用的频段

RFID 频率是 RFID 系统的一个重要参数指标,它决定了工作原理、通信距离、设备成本、天线形状和应用领域等各种因素。按照工作频率的不同,RFID 系统集中在低频、高频和超高频 3 个区域。

3.1.2.1 低频

低频范围为 30 ~ 300kHz,在此范围内 RFID 典型的工作频率有 125kHz 和 133kHz 两个,该频段的波长大约为 2500m。低频标签一般都为无源标签,其工作能量通过电感耦合的方式从阅读器耦合线圈的辐射场中获得,通信距离一般小于 1m。

3.1.2.2 高频

高频范围为 3 ~ 30MHz,在此范围内 RFID 典型的工作频率为 13.56MHz,该频率的波长大概为 22m,通信距离一般也小于 1m。该频率的标签不再需要线圈绕制,可以通过腐蚀活字印刷的方式制作标签内的天线,采用电感耦合的方式从阅读器辐射场获取能量。

3.1.2.3 超高频

超高频范围为 300MHz~3GHz,3GHz 以上为微波范围。采用超高频和微波的 RFID 系统一般统称为超高频 RFID 系统,典型的工作频率为 433MHz、860~960MHz、2.45GHz、5.8GHz,该频率波长在 30cm 左右。

从严格意义上讲,2.45GHz 和 5.8GHz 属于微波范围。超高频标签可以是有源的,也可以是无源的,通过电磁耦合方式与阅读器通信。通信距离一般大于 1m,典型情况为 4~6m,最大可超过 10m。

3.1.3 RFID 普及面临的挑战

RFID 技术带来很多潜在的应用,不过任何一种技术要成功地普及都需要解决一些基本的问题,例如构建的成本以及对类似技术的取代性,最近几年将是 RFID 技术变化最大的时机。下面列出一些必须考虑的问题。

(1)成本。假如一瓶矿泉水的 RFID 标签需要 0.5 元的成本,商家可能就承担不起了。整体环境的构建也需要投资,如高速公路收费的 ETC 转换成 eTag,就要花不少钱来搭建。

（2）再用与流通（开放供应链）。RFID 标签假如能再用与流通，可以解决部分成本问题，但是仍有其他问题需要解决。

（3）标准化。产业之间的关系密切，商业活动的范围广泛，整个 RFID 环境的构建一定要标准化才能普及。

（4）读取器的数量。这是另一个可能大幅影响构建以及应用成本的因素。

3.2　RFID 的系统构成

RFID 系统由电子标签、读写器和计算机网络构成。RFID 系统是一种非接触式的自动识别系统，它通过射频无线信号自动识别目标对象，并获取相关数据。

RFID 系统因应用不同其组成会有所不同，但基本都是由电子标签、读写器和系统高层这三大部分组成。RFID 系统的基本组成如图 3-1 所示。

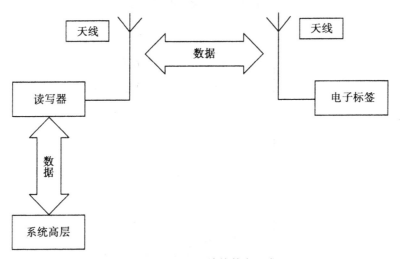

图 3-1　RFID 系统的基本组成

3.2.1　电子标签

电子标签（Tag）又称为射频标签或应答器，基本上是由天线、编/解码器、电源、解调器、存储器、控制器以及负载电路组成，其框图如图 3-2 所示。

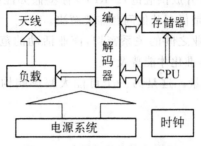

图 3-2 电子标签的基本组成

图 3-2 中,天线部分主要用于数据通信和获取射频能量。天线电路获得的载波信号的频率经过分频后,分频信号可以作为应答器 CPU、存储器、编解码电路单元工作所需的时钟信号。天线的种类繁多,通常可进行如下分类,如图 3-3 所示。

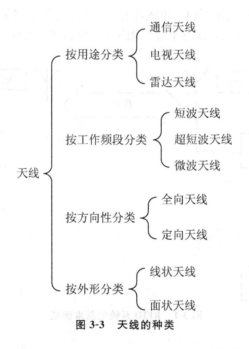

图 3-3 天线的种类

RFID 标签中存有被识别目标的相关信息,由耦合元件及芯片组成,每个标签具有唯一的电子编码,附着在物体上标识目标对象。标签有内置天线,用于和 RFID 射频天线进行通信。RFID 电子标签包括射频模块和控制模块两部分,射频模块通过内置的天线来完成与 RFID 读写器之间的射频通信,控制模块内有一个存储器,它存储着标签内的所有信息。RFID 标签中的存储区域可以分为两个区：一个是 ID 区——每个标签都有一个全球唯一的 ID 号码，即 UID。UID 是在制作芯片时存放在 ROM 中的，无法修改。另一个是用户数据区，是供用户存放数据的，可以通过与 RFID 读写器之间的数据交换来进行实时的修改。当 RFID 电子标签被 RFID 读写器识别到或者电子标签主动向读写器发送消息时，标签内的物体信息将被读取或改写。

3.2.2　读写器

读写器主要完成与电子标签之间的通信，与计算机之间的通信，对读写器与电子标签之间传送的数据的编码、解码、加密、解密等，且具备防碰撞功能，能够实现同时与多个标签通信。不同的应用场合，读写器的表现形式不同，但读写器基本组成模块大致一样，如图 3-4 所示。

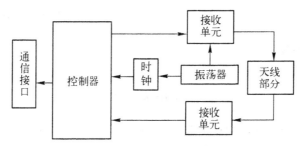

图 3-4　读写器基本组成模块

控制器是读写器工作的核心，完成收发控制，以及对从应答器上传输过来的数据进行提取和处理，同时完成与高层决策系统的通信。通信接口可能是 USB、RS-232 或者其他接口形式。

振荡器电路产生能够满足阅读器整个系统的频率，同时由振荡器产生的高频信号经过分频等处理后就作为待发送信号的载波。需要对待发送的命令信号进行编码、调制及适当的功率放大，使信号能够正确无误地被发送出。与之相对应的是接收单元，这部分包括整形、滤波、解调、解码等电路，接收单元实现从天线传输的高频信号中提取有用信号的功能。

3.2.3　系统高层

对于某些简单的应用，一个读写器可以独立完成应用的需要。但对于多数应用来说，射频识别系统是由许多读写器构成的信息系统，系统高层是必不可少的。系统高层可以将许多读写器获取的数据有效地整合起来,完成查询、管理与数据交换等功能。

3.3 RFID 的工作原理

当 RFID 系统工作时,其工作原理如图 3-5 所示。

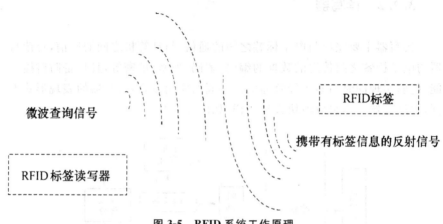

微波查询信号

RFID标签

携带有标签信息的反射信号

RFID 标签读写器

图 3-5 RFID 系统工作原理

阅读器在区域内通过天线发射射频信号,形成电磁场,区域大小取决于发射功率、工作频率和天线尺寸。

当 RFID 标签处于该范围内,则会接收阅读器发射的信号,引起天线出现感应电流,从而使 RFID 标签开始工作,借由其内部的发射天线向阅读器传输编码信息等。

通过系统中的接收天线接收到 RFID 标签所发射的载波信号,再经由调节器传输给阅读器,对信号进行解调和解码后,传送给主系统来完成有关的处理操作。

主系统根据逻辑运算判断该标签的合法性,针对不同的设定做出相应的处理和控制,发出指令信号控制执行机构动作。

RFID 标签所存储的电子信息代表了待识别物体的标识信息,相当于待识别物体的身份认证,从而射频识别系统实现了非接触物体的识别目的。

RFID 系统的读写距离是评价其性能的重要参数。一般情况下,具有较长读写距离的 RFID 其成本较高,因此有关人员正致力于研究有效提高读写距离的方法。

表 3-1 列出了 RFID 技术运用方式的种类,由于 RFID 技术衍生出很多

应用,所以各种应用的不同需求促成 RFID 在运用方式上的改变。

表 3-1　RFID 技术运用方式的种类

运用方式	成本	特　性	主要应用
仅读取数据	低	标签上只事先写入识别编号(ID)的少量数据	物流管理、制程管理
可写入数据	中	标签可以再写入数据,而且能存储的数据量大	行李追踪、商品防伪
内建微型处理器	高	内含处理器,也有操作系统与程序,可以执行更复杂的功能,例如数据加密	门禁管理、无线支付
内含传感器	高	可以内建温度、压力等传感装置	物品管理、病人监测

3.4　RFID 的关键技术

3.4.1　RFID 天线技术

天线是指接收或辐射无线电收发机射频信号的装置。当 RFID 应用到不同的场景时,其安装位置各不相同,一些情况下会贴于物体表面,还可能需要嵌入物体内部。使用 RFID 时,不仅要注重成本问题,还应该追求更高的可靠性。天线技术中的标签天线和读写器天线对天线的设计提出了更为严格的要求,因为这两者分别具有接收、发射能量的作用。研究人员对 RFID 天线的关注主要包括天线结构和环境对天线性能的影响。

当 RFID 系统的工作频段超过 UHF 时,阅读器和标签的作用与无线电发射机和接收机大致相同。无线电发射机会发出射频信号,该信号会经由馈线传送给天线,天线再以电磁波的形式进行辐射。该电磁波被接收点的无线电接收天线接收后,又经由馈线发送到接收机。由此看出,在无线电设备发射和接收电磁波的过程中,天线具有不可替代的作用。

3.4.2　RFID 中间件技术

RFID 中间件(Middleware)技术是作为 RFID 应用与底层 RFID 硬件采集设施之间的纽带,是将企业级中间件技术延伸到 RFID 领域,是整个

RFID产业的关键共性技术。

    RFID中间件技术是一种中间程序,实现了RFID硬件设备与应用系统之间数据传输、过滤、汇总、计算或数据格式转换等,其分层结构如图3-6所示。

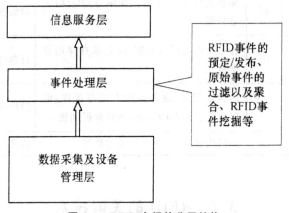

图 3-6　RFID 中间件分层结构

3.4.2.1　数据采集及设备管理层

    数据采集及设备管理层的主要功能是负责包括 RFID 标签、RFID 读写器配置、条形码编码等信息的采集,以及数据采集设备或网络的管理、协调。该层为事件处理层提供统一格式的 RFID 原始事件,因此关系到整个 RFID 系统的可用性以及鲁棒性等。

3.4.2.2　事件处理层

    事件处理层的主要功能是为了对从数据采集层所采集的数据进行预处理,仅向应用程序提供它们所关心的 RFID 事件信息。

3.4.2.3　信息服务层

    信息服务层为具体的应用程序提供服务。不同的应用都有信息存储、信息发布、地址解析、访问控制、安全认证等共性的需求,这些共性需求可抽取出来作为支撑不同应用的基础设施。由这些基础设施就构成了整个信息服务层。

    目前,常见的 RFID 中间件有 IBM 的 RFID 中间件、Oracle 的 RFID 中间件、Microsoft 的 RFID 中间件以及 Sybase 的 RFID 中间件。这些中间件产品经过了实验室、企业的多次实际测试,其稳定性、先进性和海量数据的处理能力都比较完善,得到了广泛认同。

3.4.3　RFID 中的防冲突技术和算法设计

阅读器通信距离和识别范围的扩大,常常引发多个标签同时处于阅读器的识别范围之内。当需要 RFID 系统一次完成对多个标签的识别任务时,就必须找到一种防止标签信息发生碰撞的技术——防碰撞(Anti-coilision)技术。解决碰撞的算法称为防碰撞算法。

3.4.3.1　ALOHA 算法

ALOHA 网络是世界上最早的无线电计算机通信网。ALOHA 网络可以使分散在各岛的多个用户通过无线电信道来使用中心计算机,从而实现一点到多点的数据通信。

ALOHA 算法分为纯 ALOHA 算法和时隙 ALOHA 算法。

1. 纯 ALOHA 算法

用户有帧即可发送,采用冲突监听与随机重发机制。这样的系统是竞争系统,它的帧长固定,但两帧冲突或重叠,则通信会被破坏。如果发送方知道数据帧遭到破坏(检测到冲突),那么它可以等待一段随机长的时间后重发该帧。

纯 ALOHA 算法标签发送数据部分冲突和完全冲突情况的示意图如图 3-7 所示。

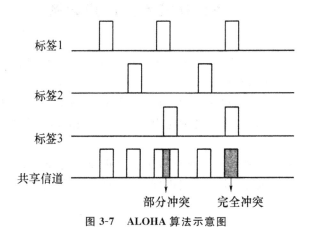

图 3-7　ALOHA 算法示意图

纯 ALOHA 算法属于电子标签控制法,其工作是非同步的。纯 ALOHA 算法是所有多路存取方法中最简单的,一般应用于只读的 RFID 系统中。

2. 时隙 ALOHA 算法

1972 年，Robert 发布时隙 ALOHA（Sloted ALOHA），是一种时分随机多址方式，可以提高 ALOHA 算法的信道利用率。它是将信道分成许多时隙（Slot），时隙的长度由系统时钟决定，各控制单元必须与此时钟同步。

3.4.3.2 二进制搜索算法

二进制搜索算法系统是由一个阅读器和多个电子标签之间规定的相互作用（指令和响应）顺序（规则）构成的。在采用这种算法的系统中，一般使用的是 Manchester 编码，这种编码用 1/2 个比特周期内电平的改变（上升/下降沿）来表示某位之值，假设逻辑"0"为上升沿，逻辑"1"为下降沿，如图 3-8 所示。

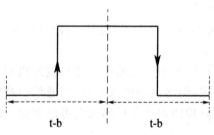

图 3-8　Manchester 编码中的位编码

3.5　RFID 技术的应用案例

中国台北市举办的世界花博会运用了很多现代的信息技术，包括 4G 通信，展馆中充满了科技的创意运用。例如参展的人可以手戴 RFID 无线通信的套环，与展馆内的设施互动。在因特网的环境中，只要能够随时随地连上网络，就能体验网络上的各种应用，下面从几项通信技术来介绍和因特网相关的发展。

射频识别技术是商业自动化领域中相当重要的无线通信技术，主要是因为"无线"的方便加上"实时数据识别与处理"的功能，衍生出很多有趣的应用。

3.5.1　天津海关引入 RFID 技术

天津海关也引入了 RFID 技术来加速货柜通关放行的效率，RFID 的封条放置到货柜上,使货柜通关放行自动化,省下人工押柜的成本。之前提到过"无人图书馆",一样是通过 RFID 技术来节省人力,不过海关的 RFID 应用牵涉的范围比较广,不但通关的设备与设施要扩充,信息系统以及工作的流程都要配合改变,一般人没有机会接触海关业务可能比较难以想象这种变革的影响。

3.5.2　医院借助 RFID 实现药品安全配送

依据国家对特殊和管制药物的规定,对毒麻药、精神药物和温度敏感类的药物在配药过程中必须严格地跟踪监测。采用 RFID 技术可以实现药品安全配送,提高药品在整个流通过程中的可追溯性和监督标准,最终确保病人的安全。

(1)在药品包装箱上粘贴电子标签。

(2)在检测点设置固定 RFID 读写器,辅助手持式 RFID 终端,跟踪记录药品的位置状态。

(3)后台软件系统配置警报系统。

(4)警报系统会对超过预定运送时间的药物发出警报(采用电子邮件或短信方式)。

3.5.3　垃圾处理公司采用低频 RFID 电子标签标识垃圾箱

提供先进的垃圾回收、分类处理解决方案,不仅管理垃圾回收过程,而且能够准确计费,拒绝处理未付费居民的垃圾。

将电子标签粘贴在垃圾箱外侧(贴在垃圾箱盖开口处,一般在垃圾箱生产商处添加),读写器安装在卡车的升降抓手上,回收车装备随机电脑,为司机和管理后台提供实时信息。

回收车抓手抓起垃圾箱时,读取电子标签信息。回收车可检测出垃圾箱所属居民是否付费,未付费客户的垃圾则不予处理,同时将未付费信息发送到居民手上。

同时,该系统还可以对垃圾箱进行称重,GPS 设备进行定位,然后通过有线网络将标签 ID、重量、位置、时间等信息发送到后台数据库。

系统中使用的产品参数型号如下。

电子标签:HID Global 提供的 125kHz 低频 RFID 标签。

读写器:AMCs 提供的 RFID 读写器。

3.5.4 RFID 技术在机场管理系统中的应用

RFID 技术在各个国家机场中都已经开始试验或者尝试使用,RFID 技术在机场管理系统的应用提高了机场的管理效率,提升了机场的服务水平。目前,RFID 技术正逐步应用到机场管理的各个环节,这对提升机场工作效率、安全管理等各个方面都有很大的帮助

3.5.4.1 电子机票

电子机票利用 RFID 智能卡技术,不仅能为旅客累计里程点数,还可预定出租车和酒店、提供电话和金融服务。使用电子机票,旅客只需要凭有效身份证和认证号,就能领取机牌。从印刷到结算,一张纸质机票的票面成本是四五十元,而电子机票不到 5 元。对航空公司来说,除了使销售成本降低 80% 以外,电子机票还能节省时间,保证资金回笼得及时与完整,保证旅客信息的正确与安全,并有助于对市场的需求做出精确分析。

3.5.4.2 RFID 技术为机场"导航"

通过使用 RFID 技术可以在机场为旅客提供"导航"服务。在机场入口为每个旅客发一个 RFID 信息卡,将旅客的基本信息输入 RFID 信息卡,该信息卡可以通过语言提醒旅客航班是否正点、在何处登机等信息。

3.5.4.3 旅客的追踪

使用无线射频标签(RFID 标签),可随时追踪旅客在机场内的行踪。实施方式是在每位旅客向航空公司柜台登记时,发给一张 RFID 标签,再配合 RFID 读写器和摄像机,即可监视旅客在机场内的一举一动。

3.5.5 RFID 技术在仓储物流中的应用

仓储物流就是利用自建或租赁的库房、场地储存、保管、装卸、搬运、配送货物。仓储物流是以满足供应链上下游的需求为目的,仓储物流的角色包括物流与供应链中的库存控制中心、物流与供应链中的调度中心,是物流与供应链中的增值服务中心和现代物流设备与技术的主要应用中心。

RFID 技术在仓储物流领域的应用可以实现对企业物流货品进行智能化、信息化管理,而且可以实现自动记录货品出入库信息、智能仓库盘点、记录及发布货品的状态信息、输出车辆状态报表等。RFID 系统在物流管理

中的应用系统分为 5 个部分,包括物品监控、流量控制、便携式数据采集、移动载体定位、扩展应用。系统架构如图 3-9 所示。

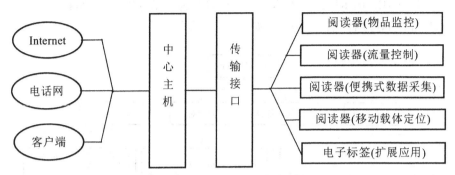

图 3-9　基于 RFID 的仓库管理系统架构

系统包括计算机、出/入库门的读写器、网络控制器、无线网络连接器、货位指示器、车载单元、手持单元。

仓库被划分为具有相应识别电子码的不同货位,工作人员将货位电子码写入货位识别电子标签,并将货位识别电子标签封装在相对应的导航指示器中,通过无线局域网实现信息的共享。

3.6　RFID 的标准化及发展

随着物联网全球化的迅速发展和国际射频识别竞争的日趋激烈,物联网 RFID 标准体系已经成为企业和国家参与国际竞争的重要手段。目前还没有全球统一的 RFID 标准体系,各个厂家的 RFID 产品互不兼容,物联网 RFID 处于多个标准体系共存的阶段。

3.6.1　ISO/IEC 标准化体系

国际标准化组织(International Organization for Standardization,ISO)和国际电工委员会(International Electrotechnical Commission,IEC)有密切的联系。ISO 和 IEC 作为一个整体,担负着制定全球国际标准的任务,是世界上历史最长、涉及领域最多的国际标准制定组织。

ISO/IEC 也负责制定 RFID 标准,是制定 RFID 标准最早的组织,大部分 RFID 标准都是由 ISO/IEC 制定的。ISO/IEC 早期制定的 RFID 标准只是在行业或企业内部使用,并没有构筑物联网的背景。随着物联网概念的提出,两个后起之秀 EPCglobal 和 UID 相继提出了物联网 RFID 标准,于是 ISO/IEC 又制定了新的 RFID 标准。

ISO/IEC 的 RFID 标准体系架构可以分为技术标准、数据结构标准、一致性标准和应用标准 4 个方面,如图 3-10 所示。

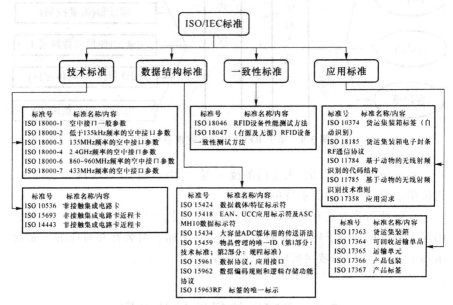

图 3-10 ISO/IEC 制定的 RFID 相关标准

3.6.2 EPCglobal RFID 标准体系

EPCglobal 是以美国和欧洲为首,由美国统一编码委员会和国际物品编码协会 UCC/EAN 联合发起的非盈利机构,它属于联盟性的标准化组织。该组织除了发布工业标准外,还负责 EPC 系统的号码注册管理。EPC 码可以涵盖全球有形和无形产品,并伴随产品流通的全过程。EPCglobal 在 RFID 标准体系制定的速度、深度和广度方面都非常出色,已经受到全球的关注。

EPC 系统的体系框架包括标准体系框架和用户体系框架。EPCglobal 的目标是形成物联网完整的标准体系,同时将全球用户纳入到这个体系中来。

在 EPCglobal 标准组织中,体系框架委员会(ARC)的职能是制定 RFID 标准体系框架协调各个 RFID 标准之间的关系,使它们符合 RFID 标准体系框架的要求。体系框架委员会对于制定复杂的信息技术标准是非常重要的,EPCglobal 标准体系框架主要包含 EPC 物理对象交换标准、EPC 基础设施标准和 EPC 数据交换标准 3 种内容,如图 3-11 所示。

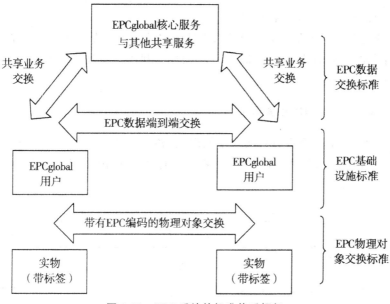

图 3-11　EPC 系统的标准体系框架

3.6.3　Ubiquitous ID 体系

UID 的核心是赋予现实世界中任何物理对象唯一的泛在识别号(Ucode)。它具备了 128 位(128bit)的充裕容量,提供了 $340×1036$ 编码空间,更可以用 128 位为单元进一步扩展 256 位、384 位或 512 位。

Ucode 的最大优势是能包容现有编码体系的元编码设计,可以兼容多种编码,包括 JAN、UPC、ISBN、IPv6 地址,甚至电话号码。

Ucode 标签具有多种形式,包括条码、射频标签、智能卡、有源芯片等。泛在识别中心把标签进行分类,并设立多个不同的认证标准。

3.6.4　中国的 RFID 标准体系框架

3.6.4.1　RFID 标准化情况

在技术标准方面,依据 ISO/IEC 15693 系列标准已经完成国家标准的起草工作,参照 ISO/EC 18000 系列标准制定国家标准的工作正在进行中。

此外,中国 RFID 标准体系框架的研究工作也已基本完成。

根据信产部《800/900MHz 频段射频识别(RFID)技术应用规定(试行)》的规定,中国 800/900MHz RFID 技术的试用频率为 840～845MHz 和 920～925MHz,发射功率为 2W。

制定 RFID 标准框架的指导思想是以完善的基础设施和技术装备为基础,并考虑相关的技术法规和行业规章制度,利用信息技术整合资源,形成相关的标准体系。

3.6.4.2 RFID 标准体系

RFID 标准体系由各种实体单元组成,各种实体单元由接口连接起来,对接口制定接口标准,对实体定义产品标准。我国 RFID 标准体系如图 3-12 所示。

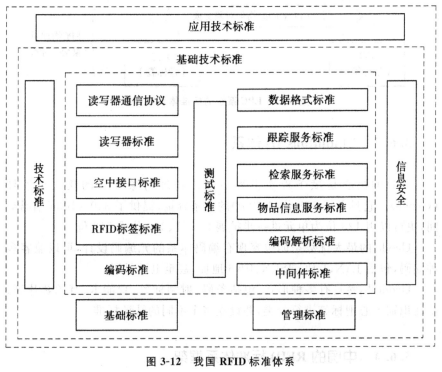

图 3-12 我国 RFID 标准体系

第4章 ZigBee 无线通信技术

ZigBee 中文称为"紫蜂",是一种短距离、结构简单、低功耗、低数据速率、低成本和高可靠性的双向无线网络通信技术。ZigBee 联盟是一个基于全球开放标准的研究可靠、高效、无线网络管理和控制产品的联合组织。ZigBee 联盟(类似于蓝牙特殊兴趣小组)成立于 2001 年 8 月。ZigBee 联盟采用了 IEEE 802.15.4 作为物理层和媒体接入层规范,并在此基础上制定了数据链路层(DLL)、网络层(NWK)和应用编程接口(API)规范,最后形成了被称作 IEEE 802.15.4(ZigBee)的技术标准。

ZigBee 工作在免授权的频段上,包括 2.4GHz(全球)、915MHz(美国)和 868MHz(欧洲),分别提供 250kbit/s、40kbit/s 和 20kbit/s 的原始数据吞吐率,其传输范围为 10～100m。

4.1 ZigBee 标准

4.1.1 IEEE 802.15.4 标准的提出

为了满足低功率、低价格无线网络的需要,IEEE 新的标准委员会在 2000 年成立了一个新的任务组(任务四组),开始制定低速率无线个域网(LR-WPAN)标准,称为 802.15.4。任务四组的目标是:在廉价的、固定或便携的、移动的装置中,提出一个具有超低复杂度、超低价格、超低功耗、超低数据传输速率的无线接入标准。该组的工作任务是制定物理层和媒体介入控制层的规范。

LR-WPAN 网络最明显的特征是数据吞吐率从 1 天几位到 1 秒钟几千位。许多低端应用不会产生大量的数据,所以只需要有限的带宽,而且通常不需要实时数据传输或连续更新。低数据传输速率使 LR-WPAN 所消耗的功率非常低,所以有许多应用适合采用 LR-WPAN 系统,如对电池使用寿命要求较高的工业设备监视与控制等。设计 LR-WPAN 系统需要考虑的关键问题是降低功率消耗,延长电池使用寿命。

4.1.2 ZigBee 与 IEEE 802.15.4 的联系与区别

ZigBee 是一种新兴的短距离、低功耗、低数据传输速率的无线网络技术,它是一种介于无线标记技术和蓝牙之间的技术方案。ZigBee 是建立在 IEEE 802.15.4 标准之上,它确定了可以在不同制造商之间共享的应用纲要。

ZigBee 不仅仅只是 802.15.4 的名字,IEEE 802.15.4 仅处理低级媒体接入控制层和物理层协议,ZigBee 联盟对其网络层协议和 API 进行了标准化,还开发了安全层,以保证这种便携设备不会意外泄露其标识。经过 ZigBee 联盟对 IEEE 802.15.4 的改进,这才真正形成了 ZigBee 协议栈。

4.2 ZigBee 协议栈

ZigBee 协议栈架构是建立在 IEEE 802.15.4 标准基础上的。由于 ZigBee 技术是 ZigBee 联盟在 IEEE 802.15.4 定义的物理(Physical Layer,PHY)层和媒体访问控制(Media Access Control Layer,MAC)层基础之上制定的低速无线个域网(LR-WPAN)技术规范,ZigBee 的协议栈的物理(PHY)层和媒体访问控制(MAC)层是按照 IEEE 802.15.4 标准规定来工作的。由此,ZigBee 联盟定义了 ZigBee 协议的网络(Network Layer,NWK)层、应用层(Application Layer,APL)和安全服务规范,如图 4-1所示。

其中,物理层主要负责无线收发器的开启和关闭,检测数据传输链路的质量,选择合适的信道,对空闲信道进行评估,以及发送和接收数据包等;媒体访问控制层主要负责信标管理、信道接入、提供安全机制等;网络层主要负责 ZigBee 网络的组网连接、数据管理以及网络安全服务等;应用层主要负责 ZigBee 技术应用框架的构建。

4.2.1 物理层

位于 ZigBee 协议栈结构最底层的是 IEEE 802.15.4 物理层,定义了物理无线信道和 MAC 层之间的接口。物理层包括物理层数据服务实体(Physical Layer Data Entity,PLDE)和物理层管理实体(Physical Layer

Management Entity,PLME),分别提供物理层数据服务和管理服务。前者是指从无线物理信道上收发数据,后者是指维护一个由物理层相关数据组成的数据库。

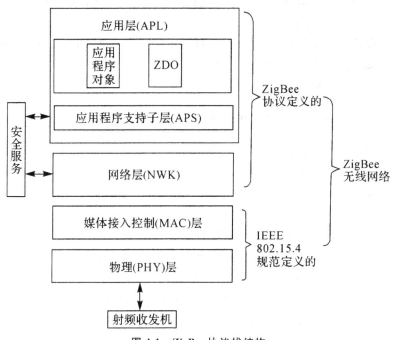

图 4-1　ZigBee 协议栈结构

4.2.1.1　物理层参考模型

物理层参考模型如图 4-2 所示。

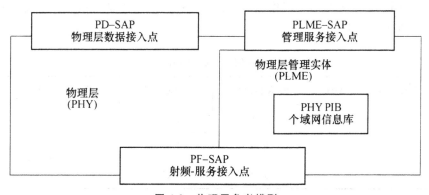

图 4-2　物理层参考模型

管理实体提供的管理服务有：信道能量检测（ED）、链路质量指示（LQI）、空闲信道评估（CCA）等。

信道能量检测主要测量目标信道中接收信号的功率强度，为上层提供信道选择的依据。信道能量检测不进行解码操作，检测结果为有效信号功率和噪声信号功率之和。

链路质量指示对检测信号进行解码，生成一个信噪比指标，为上层提供接收的无线信号的强度和质量信息。

空闲信道评估主要评估信道是否空闲。

4.2.1.2 物理层无线信道的分配

根据 IEEE 802.15.4 标准的规定，物理层有 3 个载波频段：868～868.6MHz、902～928MHz 和 2400～2483.5MHz。3 个频段上数据传输速率分别为 20kbit/s、40kbit/s 和 250kbit/s。各个频段的信号调制方式和信号处理过程都有一定的差异。

根据 IEEE 802.15.4 标准，物理层 3 个载波频率段共有 27 个物理信道，编号从 0～26。不同的频段所对应的宽度不同，标准规定 868～868.6MHz 频段有 1 个信道（0 号信道）；902～928MHz 频段包含 10 个信道（1～10 号信道）；2400～2483.5MHz 频段包含 16 个信道（11～26 号信道）。每个具体的信道对应着一个中心频率，这些中心频率定义如下：

$$k=0 \text{ 时}, F=868.3\text{MHz}$$
$$k=1,2,\cdots,10 \text{ 时}, F=906+2(k-1)\text{MHz}$$
$$k=11,12,\cdots,26 \text{ 时}, F=2405+5(k-11)\text{MHz}$$

式中，k 为信道编号；F 为信道对应的中心频率。

不同地区的 ZigBee 工作频率不同。根据无线电管理委员会的规定，各地标准见表 4-1。

表 4-1 不同地区的 ZigBee 标准

工作频率范围/MHz	国家和地区	调制方式	传输速率/(kbit/s)
868～868.6	欧洲	BPSK	20
902～928	北美	BPSK	40
2400～2483.5	全球	O-QPSK	250

4.2.1.3 2.4GHz 频段的物理层技术

由于我国应用的是 2.4GHz 频段,这里简要介绍 2.4GHz 频段的物理层技术。2.4GHz 频段主要采用了十六进制准正交调制技术(O-QPSK 调制)。调制原理如图 4-3 所示。PPDU 发送的信息进行二进制转换,再把二进制数据进行比特-符号映射,每字节按低 4 位和高 4 位分别映射成一个符号数据,先映射低 4 位,再映射高 4 位。再将输出符号进行符号-序列映射,即将每个符号被映射成一个 32 位伪随机码片序列。在每个符号周期内,4 个信号位映射为一个 32 位传输的准正交伪随机码片序列,所有符号的伪随机序列级联后得到的码片再用 O-QPSK 调制到载波上。

图 4-3 2.4GHz 物理层调制原理图

2.4GHz 频段调制方式采用的是半正弦脉冲波形的 O-QPSK 调制,将奇位数的码片调制到正交载波 Q 上,偶位数的码片调制到同相载波 I 上,这样,奇位数和偶位数的码片在时间上错开了一个码片周期 T,如图 4-4 所示。

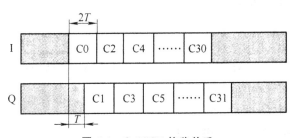

图 4-4 O-QPSK 偏移关系

4.2.2 媒体访问控制层

媒体访问控制(MAC)层处于 ZigBee 协议栈中物理层和网络层两者之间,同样是基于 IEEE 802.15.4 制定的。

4.2.2.1 MAC 层参考模型

如图 4-5 所示为 MAC 层参考模型。MAC 层包括如下两部分:MAC

层公共部分子层(MAC Common Part Sublayer，MCPS)和 MAC 层管理实体(MAC Sublayer Management Entity，MLME)。前者提供了 MCPS-SAP 数据服务访问点，后者提供了 MLME-SAP 管理服务访问点。

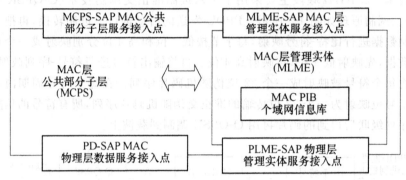

图 4-5　MAC 参考模型

其中，MAC 层公共部分子层服务访问点(MCPS-SAP)主要负责接收由网络层发送的数据，并传送给对等实体。MAC 层管理实体(MLME)主要对 MAC 层进行管理，以及对该层的管理对象数据库(PAN Information Base，PIB)进行维护。物理层管理实体服务接入点(PLME-SAP)主要用于接收来自物理层的管理信息，物理层数据服务接入点(PD-SAP)负责接收来自物理层的数据信息。

4.2.2.2　MAC 帧类型

IEEE 802.15.4 网络共定义了如下 4 种 MAC 帧结构：
(1)信标帧(Beacon Frame)。
(2)数据帧(Data Frame)。
(3)确认帧(Acknowledge Frame)。
(4)MAC 命令帧(MAC Command Frame)。

其中，信标帧用于协调者发送信标，信标是网内设备用来始终同步的信息；数据帧用于传输数据；确认帧用于确定接收者是否成功接收到数据；MAC 命令帧用来传输命令信息。

ZigBee 采用载波侦听多址/冲突(CSMA/CD)的信道接入方式和完全握手协议，其数据传输方式如图 4-6 所示。

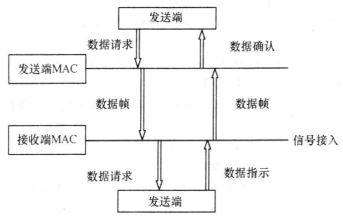

图 4-6　ZigBee 数据传输方式

4.2.2.3　MAC 层帧结构

MAC 层帧作为 PHY 载荷传输给其他设备,由 3 个部分组成:MAC 帧头(MHR)、MAC 载荷(MSDU)和 MAC 帧尾(MFR)。MHR 包括地址和安全信息。MAC 载荷长度可变,长度可以为 0,包含来自网络层的数据和命令信息。MAC 帧尾包括一个 16bit 的帧校验序列(FCS),见表 4-2。

表 4-2　MAC 帧的格式

字节数:2	1	0/2	0/2/8	0/2	0/2/8	可变长度	2
帧控制	帧序号	目的 PAN 标识码	目的地址	源 PAN 标识码	源地址	帧有效载荷	FCS
MHR						MSDU	MFR

(1)帧控制。帧控制域占 2 字节(16 位),共分 9 个子域。帧控制域各字段的具体含义见表 4-3。

表 4-3　帧控制

位:0~2	3	4	5	6	7~9	10~11	12~13	14~15
帧类型	安全使能	数据待传	确认请求	网内/网标	预留	目的地址模式	预留	源地址模式

（2）帧序号。帧序号是 MAC 层为帧规定的唯一序列编码。只有在当前帧的序号与上一次进行数据传输帧的序号相同时，才表明已完成数据业务。

（3）目的/源 PAN 标识码。目的/源 PAN 标识码包含 16 位，该标识码规定了帧接收和发送设备的 PAN 标识符。若目的 PAN 标识符域为 0xFFFF，那么就表示广播 PAN 标识符，为全部侦听信道设备的有效标识符。

（4）目的/源地址。目的/源地址包括 16 位或 64 位，其数值由帧控制域中的目的/源地址模式子域值规定。

（5）帧有效载荷。帧有效载荷的长度不一，主要受帧类型的影响。

（6）FCS 字段。对 MAC 帧头和有效载荷计算得到的 16 位的 ITU-T CRC。

4.2.3　网络层

网络层（NWK 层）位于 ZigBee 协议栈中 MAC 层和应用层间，如图 4-7 所示，为 ZigBee 网络层与 MAC 层和应用层之间的接口。网络层可以提供数据服务和管理服务。NWK 层数据实体（NLDE）通过 NWK 层数据服务

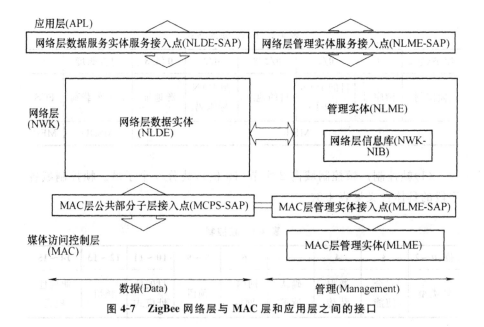

图 4-7　ZigBee 网络层与 MAC 层和应用层之间的接口

实体服务接入点(NLDE-SAP)向应用层传输数据。管理实体(NLME)通过 NWK 层管理实体服务接入点(NLME-SAP)向应用层提供管理服务,并对 NWK 层信息库(NIB)进行维护工作。

4.2.3.1　网络层参考模型

图 4-8 所示为 NWK 层参考模型,主要分为两大部分,分别是 NWK 层数据实体和 NWK 层管理实体。

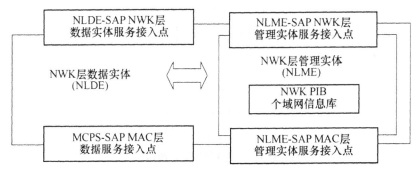

图 4-8　NWK 层参考模型

NWK 层数据实体通过其数据服务传输应用协议的数据单元(APDU),可在某一网络中的不同设备间提供如下服务:

(1)对应用支持子层 PDU 设置合理的协议头,从而构成网络协议数据单元(NPDU)。

(2)根据拓扑路由,把网络协议数据单元发送到目的地址设备或通信链路的下一跳。

4.2.3.2　网络层帧结构

图 4-9 所示为普通网络层帧结构。网络层的帧结构包括帧头和负载,帧头能够表征网络层的特性,负载则是应用层提供的数据单元,其涵盖的内容与帧类型有关,而且长度不等。

(1)帧控制。帧头的第一部分是帧控制,帧控制决定了该帧是数据帧还是命令帧。帧控制共有 2B,即 16bit,分为帧类型、协议版本、发现路由、多播标志、安全、源路由、目的 IEEE 地址、源 IEEE 地址子项目。各子域的划分如图 4-9 所示。

(2)目的地址。目的地址占 2B,内容为目的设备的 16 位网络地址或者广播地址(0xffff)。

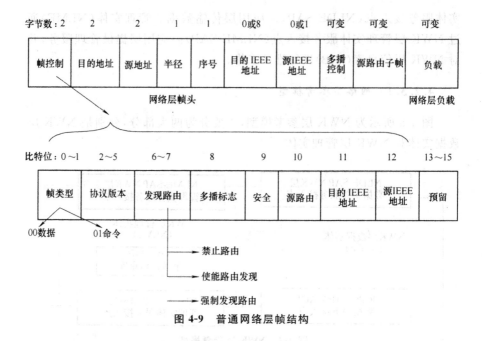

图 4-9 普通网络层帧结构

(3)源地址。源地址占 2B,内容为源设备的 16 位网络地址。

(4)半径。半径占 1B,其是指定该帧的传输范围。如果是接收数据,接收设备应该把该字段的值减 1。

(5)序号。序号占 1B。如果设备是传输设备,每传输一个新的帧,该帧就把序号的值加 1,源地址字段和序列号字段的一对值可以唯一确定一帧数据。

4.2.4 应用层

ZigBee 协议栈的最上层为应用层,其中有 ZigBee 设备对象(ZigBee Device Object,ZDO)、应用支持子层和制造商定义的应用对象。ZDO 负责规定设备在网络中充当网络协调器还是终端设备、探测新接入的设备并判断其能提供的服务、在网络设备间构建安全关系。应用支持子层(APS)维护绑定表并在绑定设备之间传递信息。

4.2.4.1 应用层参考模型

图 4-10 所示为应用层参考模型。通过 APS 将网络层和应用层连接起来,向系统提供数据服务和管理服务。APS 数据实体通过 APSDE 服务接入点接入网络,从而提供数据服务。APS 管理实体通过 APSME-SAP 接入

网络,从而提供管理服务。

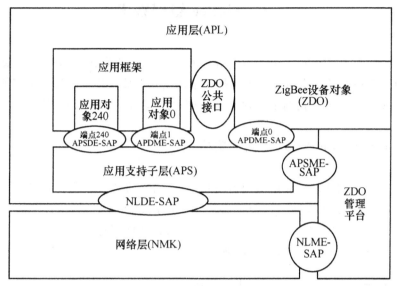

图 4-10　应用层参考模型

在 ZigBee 的应用层中,应用设备中的各种应用对象控制和管理协议层。一个设备中最多可以有 240 个应用对象。应用对象用 APSME-SAP 来发送和接收数据。

ZigBee 设备对象(ZDO)给 APS 和应用架构提供接口。ZDO 包含 Zig-Bee 协议栈中所有应用操作的功能。

4.2.4.2　应用层主要功能

APS 提供网络层和应用层之间的接口。它具有以下功能:

(1)维护绑定表。

(2)设备间转发消息。

(3)管理小组地址。

(4)把 64bit IEEE 地址映射为 16bit 网络地址。

(5)支持可靠数据传输。

ZDO 的功能如下:

(1)定义设备角色。

(2)发现网络中的设备及其应用,初始化或响应绑定请求。

(3)完成安全相关任务。

4.3 ZigBee 组网技术

任何一个 ZigBee 网络其实质都是由若干个终端节点，一定数量的路由器节点及协调器节点按照一定的拓扑结构组建而成。通常组建一个完整的 ZigBee 网络主要包括两个步骤：一是网络的初始化，二是节点入网。

4.3.1 ZigBee 网络的初始化

ZigBee 网络的建立由协调器发起，组建网络的 ZigBee 节点需满足两个条件：一是初始组建网络的节点必须是全功能设备，也即要求该节点具备 ZigBee 协调器的功能；二是要求该节点未与其他网络连接。具体网络初始化流程包括三个步骤，如图 4-11 所示。

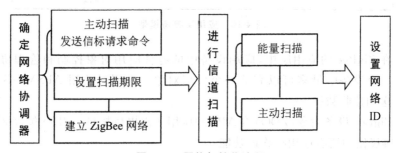

图 4-11　网络初始化流程

4.3.1.1 确定网络协调器

在一个 ZigBee 网络中，哪个节点作为协调器一般由上层规定，不在 ZigBee 协议规定的范围内，比较简单的做法是让先启动的 FFD 节点作为网络协调器。因此，对于初始加入的节点需要先判断该节点是否为 FFD 节点，然后判断此 FFD 节点是否在其他网络里或者网络里是否已经存在协调器。节点可以通过主动扫描的形式发送一个信标请求命令，并且设置一个扫描期限，如果在扫描期限内没有检测到信标，则表明在其指定区域内没有协调器，该节点可作为网络的协调器组建 ZigBee 网络。

建立一个新的网络是由节点通过网络层的"网络形成请求原语"（NLME NETWORK FORMATION. request）发起。发起原语的节点必须具备两个条件：一是这个节点具有 ZigBee 协调器功能；二是这个节点没有加入到其他网络中。任何不满足这两个条件的节点发起建立一个新网络的进程都会被网络层管理实体终止。

4.3.1.2 进行信道扫描

协调器发起建立一个新网络的进程后，网络层管理实体将请求 MAC 子层对信道进行扫描。信道扫描包括能量扫描和主动扫描两个过程。

能量扫描的目的是避免可能的干扰，节点通过对指定的信道或物理层所有默认的信道进行能量扫描，以排除干扰。

在主动扫描阶段，节点搜索通信半径内的网络信息，捕获网络中广播的信标帧，寻找一个最好的、相对安静的信道，该信道应存在最少的 ZigBee 网络，最好没有 ZigBee 设备。

4.3.1.3 设置网络 ID

如果扫描到一个合适的信道，网络层管理实体将为新网络选择一个网络标识符，也即网络 ID，网络 ID 可以由设备随机选择，也可以在网络形成的请求原语里指定，但必须保证这个 ID 在所使用的信道中唯一，不能和其他 ZigBee 网络冲突，也不能为广播地址 0xFFFF。如果没有符合条件的 ID 可选择，进程将被终止。

网络参数配置好后，网络层管理实体通过 MAC 层的"开启超帧请求原语"(MLME_START. request)通知 MAC 层启动并运行新网络。启动状态通过"开启超帧的确认原语"(MLME_START. confirm)通知网络层，网络层管理实体再通过"网络形成的确认原语"通知上层协调器初始化的状态。只有 ZigBee 协调器或路由器才能通过"允许设备连接请求原语"(NLME_PERMIT_JOINING. request)来设置节点处于允许设备加入网络的状态。如图 4-12 所示为通过协调器初始化网络的过程中，各个协议层间原语的执行情况。

4.3.2 设备节点加入 ZigBee 网络

4.3.2.1 协调器允许设备加入网络

在协调器允许设备加入网络过程中，首先也是由设备的应用层向网络层提出执行"允许设备加入网络的请求原语"；然后设备的网络层和 MAC 层之间通过执行"属性设置请求原语和确认原语"，完成设备的属性设置；最后网络层向应用层回复一个"允许设备入网的确认原语"，至此网络允许设备加入。协调器允许设备入网的原语执行情况如图 4-13 所示。

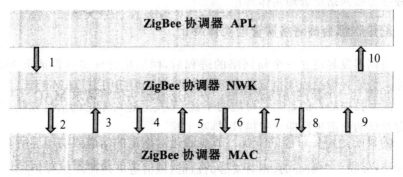

1—NLME_NETWORK_FORMATION. request(网络形成的请求原语);

2、4—MLME_SCAN . request(信道扫描的请求原语);

3、5—MLME_SCAN . confirm(信道扫描的确认原语);

6—MLME_SET . request(属性设置请求原语);

7—MLME_SET . confirm(属性设置确认原语);

8—MLME_START . request(开启超帧请求原语);

9—MLME_START . confirm(开启超帧确认原语);

10—NLME_NETWORK_FORMATION. confirm(网络形成的确认原语)

图 4-12　网络初始化过程原语的执行情况

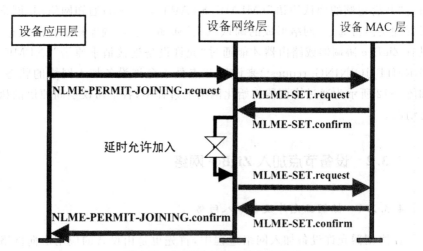

图 4-13　协调器允许设备入网流程

节点入网时将选择检测范围内信号最强的父节点加入网络,当然父节点也包括协调器节点,成功后将得到一个网络短地址并通过这个地址进行数据的发送和接收。

4.3.2.2　节点通过协调器加入网络

节点通过协调器加入网络的具体流程如图 4-14 所示。节点首先会主动扫描,查找周围网路的协调器,如果在扫描期限内没有检测到信标,则间隔一段时间后,可重新发起扫描。若检测到信标即表明有协调器存在,节点可向协调器发送关联请求命令。协调器收到后立即回复一个确认帧,表示已经收到节点的连接请求。当节点收到协调器的确认帧后,节点将处于等待状态,在设置的等待响应时间内等待协调器对其加入请求命令的处理。

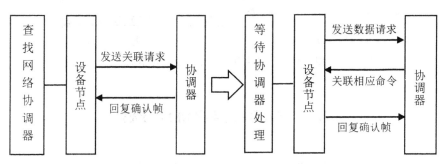

图 4-14　节点通过协调器加入网络流程

如果协调器在响应时间内同意节点加入,协调器会给节点分配一个 16 位的短地址,产生包含新地址和连接成功状态的连接响应命令,并存储这个命令。当响应时间过后,节点发送数据请求命令给协调器,协调器收到后立即回复一个确认帧,然后将存储的关联响应命令发给节点。节点收到关联响应命令后,再立即向协调器回复一个确认帧,以确认接收到连接响应命令,表明入网成功。节点入网过程中原语执行情况如图 4-15 所示。

4.3.2.3　节点通过已有节点加入网络

当靠近协调器的全功能节点和协调器关联成功后,处于这个网络范围内的其他节点就能以该全功能节点作为父节点加入网络。具体加入网络有两种方式:一种是由待加入的节点发起加入网络;另一种是指定将待加入的节点加入某个节点下,作为该节点的子节点。

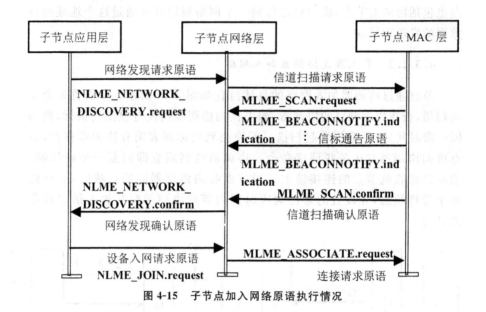

图 4-15　子节点加入网络原语执行情况

4.4　ZigBee 路由协议分析

ZigBee 路由协议是指 ZigBee 规范中规定的与路由相关的功能和算法部分,主要包括不同网络拓扑结构下 ZigBee 协议数据单元的路由方式、路由发现和路由维护等内容。

4.4.1　ZigBee 网络的路由算法

4.4.1.1　AODVjr 路由算法

AODV(Ad-Hoc On-Demand Distance Vector)是指按需距离矢量路由,利用扩展环搜索的方法来限制搜索发现过的目的节点的范围,支持组播,可以实现在 ZigBee 节点间动态的、自发的路由,使节点很快地获得通向所需目的地址的路由。ZigBee 网络中使用一种简化版本的 AODV 协议——AODVjr。

AODVjr 路由协议只有在路由器节点接收到网络数据包,并且网络数据包的目的地址不在节点的路由表中时才会进行路由发现过程。AODVjr 路由算法中一次路由建立由三个步骤组成:路由发现、反向路由建立、正向路由建立,经过这三个步骤,即可建立起一条路由器节点到目的节点的有效传输路径。

(1)路由发现。对于一个具有路由能力的节点,当接收到一个从网络层的更高层发出的发送数据帧的请求,且路由表中没有和目的节点对应的条目时,就会发起路由发现过程。源节点首先创建一个路由请求分组,并使用多播的方式向周围节点进行广播。

任何一个节点都可能从不同的邻居节点处接收到广播的 RREQ,接收到 RREQ 后,节点将进行分析。

(2)反向路由建立。当 RREQ 消息从一个源节点转发到不同的目的地时,沿途所经过的节点都要自动建立到源节点的反向路由,用于记录当前接收到的 RREQ 消息由哪一个节点转发而来。通过记录收到的第一个 RREQ 消息的邻居地址来建立反向路由,这些反向路由将会维持一定时间,该段时间足够 RREQ 消息在网内转发以及产生的 RREP 消息返回源节点。

(3)正向路由的建立。在 RREQ 以单播方式转发回源节点的过程中,沿着这条路径上的每一个节点都会根据 RREQ 的指导建立到目的节点的路由,即确定到目的地址节点的下一跳。通过记录 RREQ 从哪个节点传播而来,然后将该邻居节点写入路由表中的路由表项,一直到 RREQ 传送到源节点,至此一次路由建立过程完毕,源节点与目标节点之间可以开始数据传输。

4.4.1.2　树型网络结构路由算法

树型网络结构路由算法(Cluster-Tree 算法)包括地址的分配与寻址路由两部分。其中,地址分配主要是指子节点的 16 位网络短地址,而寻址路由则根据目的节点的网络地址来计算下一跳的路由。

ZigBee 网络中,节点可以按照网络的树型结构中父子关系使用 Cluster-Tree 算法选择路径,即每一个节点都会试图将收到的信息包转发给自己的子节点。

4.4.2　ZigBee 网络的路由机制

4.4.2.1　路由的建立过程

ZigBee 路由协议中,RN-节点需要发送分组到网络中的某个节点时使用 Cluster-Tree 算法发送分组。RN+节点需要发送分组到网络中的某个节点而又没有通往目的节点的路由表条目时,它会发起如下路由建立过程。

(1)节点创建并向周围节点广播一个 RREQ 分组,如果收到 RREQ 的节点是一个 RN－节点,则按照 Cluster-Tree 算法转发此分组;如果收到 RREQ 的节点是一个 RN＋,则根据 RREQ 中的信息建立相应的路由发现表条目和路由表条目并继续广播此分组。

(2)节点在转发 RREQ 之前会计算将 RREQ 发送给它的邻居节点与本节点之间的链路开销,并将其加到 RREQ 中存储的链路开销上,然后将更新后的链路开销存入路由发现表条目中。

(3)一旦 RREQ 到达目的节点或者目的节点的父节点,此节点就向 RREQ 的源节点回复一个 RREP 分组,RREP 应沿着已建立的反向路径向源节点传输,收到 RREP 的节点建立到目的节点的正向路径并更新响应的路由信息。

(4)节点在转发 RREP 前会计算反向路径中下一跳节点与本节点之间的链路开销,并将其加到 RREP 中存储的链路开销上。当 RREP 到达相应 RREQ 的发起节点时,路由建立过程结束。

4.4.2.2 路由维护过程

从以下 4 种情况来讨论路由的维护。

(1)如果在数据传输中发生链路中断,将由中断链路的上游节点激活路由维护过程。

(2)如果检测到链路失效的是 RN＋节点,它将采用本地修复方式来维护路由,即缓存来自源节点的数据分组并广播 RREQ。如果在一定时间内没有收到 RREP,此节点将向源节点发送 RERR 报告路由失败的消息,由源节点重新发起路由建立过程。

(3)如果检测到链路失效的是 RN－节点,它将直接向源节点发送 RERR,由源节点重建路由。

(4)如果一个为 RFD 的 ZigBee 终端节点发现它与父节点之间的通信中断,此节点将发起 IEEE 802.15.4 MAC 层中的孤立通知过程,尝试重新加入网络并恢复与原来父节点之间的通信。

4.5　ZigBee 技术的应用

由于 ZigBee 具有功耗极低、结构简单、成本低、短等待时间(Latency Time)和低数据速率的特性,因此非常适合有大量终端设备的网络。

ZigBee 主要适用于自动控制领域以及组建短距离、低速无线个人区域网(LR-WPAN)。比如楼宇自动化、工业监视及控制、计算机外设、互动玩具、医疗设备、消费性电子产品、家庭无线网络、无线传感器网络、无线门控系统和无线停车场计费系统等。

4.5.1　数字家庭领域

在数字家庭领域,ZigBee 技术拥有广阔的市场,可应用于家庭的照明、温度、安全、控制等各个方面。ZigBee 模块可安装在电视、遥控器、儿童玩具、游戏机、门禁系统、空调系统等家电产品中。例如,利用 ZigBee 网络可以实现电表、气表、水表的自动抄表与自动监控等功能。在实际应用中,要求抄表采集器具有超低功耗、低成本,但对数据传输速率要求不高,可将ZigBee 技术与 GPRS/CDMA 结合起来,根据抄表用户的不同分布灵活构建无线抄表网络,采集器采集到的数据可通过 GPRS/CDMA 网络送到抄表监控中心。

4.5.2　工业领域

在工业领域,利用传感器和 ZigBee 网络,可以实现数据的自动采集、分析和处理,也可以作为决策辅助系统的重要组成部分。例如,在油田无线测控数据通信系统中利用 ZigBee 技术的组网能力可以组成复杂多跳的路由网络,从而保证数据无线采集系统的可靠和稳定。

4.5.3　现代农业领域

将 ZigBee 技术运用于传统农业中,可以使传统农业转变为以现代信息技术为中心的精准农业模式,让农业种植全面实现智能化、网络化、自动化,从而进一步提高农业生产的效率。例如,温室大棚的智能控制系统就可采用 ZigBee 技术实现。智能控制系统采用 ZigBee 技术进行组网,利用传感器可将土壤湿度、氮浓度、pH 值、降水量、气温、气压、光照强度等环境因子信息经由 ZigBee 网络传送到中央控制设备,并能对环境因子进行控制,以基于作物和环境信息知识的专家决策系统为依托,使农民能够及早而且准确地发现问题,从而有助于保持并提高农作物的产量。

4.5.4 医学领域

在医学领域,借助于传感器和 ZigBee 网络,可以准确、实时地检测病人的血压、体温和心跳速度等信息,从而减少医生查房的工作负担,有助于医生做出快速的反应,特别是对重病和危病患者的监护和治疗。例如,应用 ZigBee 技术可以设计无线医疗监护系统。监护系统由监护中心和 ZigBee 传感器节点构成,具有 ZigBee 通信功能的传感器节点采集到监护对象的生理参数信息后,以多跳中继的无线网络传输方式经路由器节点传递到 ZigBee 网络的中心节点,监护终端设备通过 Internet 网络将数据传输至远程医疗监护中心或者通过终端外接的 3G/4G 模块传送到指定医疗人员的手机中,由专业医疗人员对数据进行统计观察,提供必要的咨询服务,实现远程医疗监护和诊治。

以下为基于 ZigBee 的老年身体状态监测设备实例。

4.5.4.1 设备的功能

以 ZigBee 为载体,运用飞思卡尔 MMA 7260Q 三轴加速度传感器实现老人运动状态的实时监测,通过基于 2.4GHz 频带的 CC2430 将残疾人的坐、卧、站、走、摔等常规状态以及人身或财产受到损坏时的紧急情况发送到数字家庭的信息处理终端,进行数据的备份及智能处理。同时,信息终端具有实时提醒残疾人进行恰当日常运动以及健康保健的功能,在监测器端配有语音及振动等方式提醒残疾人进行相关活动。ZigBee 网络环境设计结构如图 4-16 所示。

4.5.4.2 应用情景

(1)活动状态的记录与查询。老人佩戴设备已经有一段时间了,他的儿子因为工作繁忙最近没有去老人的住所看望老人,又想了解老人最近的状态。

于是他打开通过无线传输并保存在数据库中的老人的活动状态数据,任意地查询每天的某一段时间的老人活动情况,什么时段在走路,什么时间在休息,一切情况都一目了然。

(2)ZigBee 网络定位功能。某天,老人吃完晚饭外出散步,远方的儿子给老人打电话,打了数个电话都没有人接听,非常着急。

他通过计算机与 ZigBee 网络连接,通过老人携带设备中的 ZigBee 模块定位到老人的位置,原来在小区楼下的花园,这才放心。

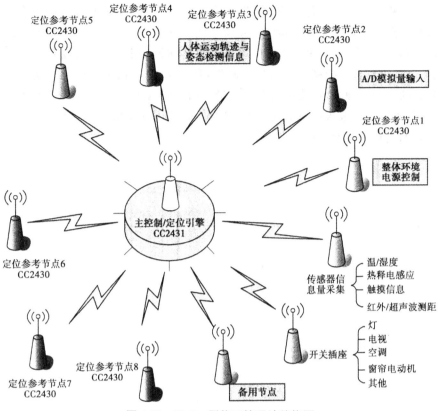

图 4-16　ZigBee 网络环境设计结构图

（3）语音提示。老人独自在家休息，远方的孙子（孙女）通过计算机发送祝福消息给老人，老人通过设备上的语音合成芯片可以听到远方的孙子（孙女）送来的祝福语。

老人刚吃完饭，不一会儿老人通过设备收到一条语音提示：“现在是××点××分，该吃药了。”

（4）突发情况的应急状况。当老人在户外活动时，突然感觉身体不舒服或者突然摔倒，他按下设备上的按钮，设备就发出报警信息给计算机，通过计算机的网站给远方的家人发出信息。

家人得到消息及时回去照顾老人或拨打 120 急救电话使老人得到相应的照顾。

4.5.5　智能交通领域

在智能交通领域，交通运输具有高度的流动性，可以通过 ZigBee 网络对高速移动的车辆进行定位、监测、信息采集等。例如,通过 ZigBee 网络可对交通路口车辆信息进行检测。系统运用红外传感器采集交通路口的路况信息,并通过 ZigBee 无线通信网络将信息传送回控制中心,通过对数据进行分析,可以直接控制交通信号。此外,利用 ZigBee 技术实现区域路口信号灯的联动管理,可以使路口车辆在最短的时间内通过,缩短不必要的等待时间,不但可以改善城市的交通拥挤状况,而且还可以减少车辆等待所带来的燃油浪费造成的环境污染。

第5章 WLAN无线通信技术

无线网络是指不需要布线即可实现计算机互联的网络。无线网络的适用范围非常广泛。作为无线网络之一的无线局域网（Wireless Local Area Network,WLAN），对周围环境没有特殊要求,只要电磁波能辐射到的地方就可以搭建无线局域网。但是在实施过程中应根据实际需求和硬件条件选择一种性价比最高的设计方案,以免造成不必要的浪费。

无线局域网实现了人们移动办公的梦想,为人们创造了一个丰富多彩的自由空间。在移动通信与互联网结合所产生的各种新型技术中,WLAN是最值得关注的一项技术。

5.1 无线局域网概述

5.1.1 无线局域网的概念

无线局域网是利用射频（Ratio Frequency,RF）无线信道或红外信道取代有线传输介质所构成的局域网络。WLAN的数据传输速率现在已经能够达到11Mbit/s（IEEE 802.11b）,最高速率可达54Mbit/s（IEEE 802.11a）,视不同情况传输距离可从10m～10km,既可满足各类便携机的入网要求,也可作为传统有线LAN的补充手段。

5.1.2 无线局域网的组成

无线局域网的基本构件有无线网卡和无线网桥。

5.1.2.1 无线网卡

无线网卡的作用类似于以太网卡,作为无线网络的接口,实现计算机与无线网络的连接。根据接口类型的不同,无线网卡分为3种类型,即PCM-CIA无线网卡、PCI无线网卡和USB无线网卡。PCMCIA无线网卡仅适用于笔记本电脑,支持热插拔,可以非常方便地实现移动式无线接入。PCI 无线网卡适用于普通的台式计算机。USB 无线网卡适用于笔记本电脑和台式计算机,支持热插拔。

5.1.2.2 无线网桥

无线网桥也称无线网关、无线接入点或无线 AP(Access Point),可以起到以太网中的集线器的作用。无线 AP 有一个以太网接口,用于实现无线与有线的连接。任何一个装有无线网卡的计算机均可通过 AP 访问有线局域网络甚至广域网络资源。AP 还具有网管功能,可对接有无线网卡的计算机进行控制。

IEEE 802.11 标准规定无线局域网的最小构件是基本服务集(Basic Service Set,BSS),一个 BSS 包括一个 AP 和若干个移动站。一个 AP 能够在几十至上百米的范围内连接多个无线用户,AP 通过标准接口,经由集线器(Hub)、路由器(Router)与因特网(Internet)相连。WLAN 的基本服务集如图 5-1 所示。

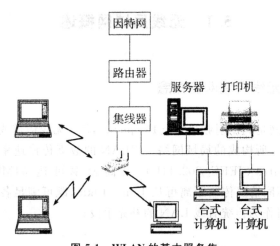

图 5-1　WLAN 的基本服务集

当网络中增加一个无线 AP 之后,即可成倍地扩展网络覆盖半径。另外,也可使网络中容纳更多的网络设备。通常情况下,一个 AP 最多可以支持多达 80 台计算机的接入,推荐的数量为 30 台。

一个扩展服务集(Extension Service Set,ESS)包括两个或更多的基本服务集,而这些基本服务集通过分配系统连接在一起。扩展服务集是一个在 LLC 子层上的逻辑局域网,如图 5-2 所示。

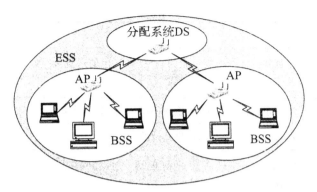

图 5-2　IEEE 802.11 的扩展服务集

IEEE 802.11 标准还定义了 3 种类型的站。第一种是仅在一个 BSS 内移动,第二种是在不同的 BSS 之间移动但仍在一个 ESS 之内移动,第三种是在不同的 ESS 之间移动。

5.1.3　无线局域网的体系结构

5.1.3.1　IEEE 802.11 无线 LAN 标准

IEEE 802.11 标准组提出了关于无线局域网的系列标准。最初的 IEEE 802.11 标准希望提供 1Mbit/s 和 2Mbit/s 的数据速率,工作在 2.4GHz(2.4~2.4835GHz)工业、科学和医用(ISM)频段。到 2004 年, IEEE 802.11 系列标准已基本成熟,各种 IEEE 802.11 标准的描述见表 5-1。

表 5-1　各种 IEEE 802.11 标准描述

标　　准	描　　述	发布时间
IEEE 802.11 (最初的)	定义了一种 WLAN 标准,包括物理(PHY)和媒体接入控制层(MAC)的功能(2Mbit/s,工作在 2.4GHz)	1997 年
IEEE 802.11a	定义了一种高速的物理层补充方案(54Mbit/s,工作在 5GHz)	1999 年
IEEE 802.11b	定义了一种高速的物理层扩展(11Mbit/s,工作在 2.4GHz)	1999 年

标　准	描　述	发布时间
IEEE 802.11d	根据各国无线电规定做的调整,在其他的法规约束范围内的运营	
IEEE 802.11e	增强最初的 802.11 的控制(MAC),使其支持 QoS	
IEEE 802.11f	定义了接入点协议,提供基站的互连	
IEEE 802.11g	定义了一种更高速的物理层扩展(54Mbit/s,工作在 2.4GHz)	2003 年
IEEE 802.11h	802.11a 的产品无线覆盖半径的调整	2004 年
IEEE 802.11i	增强了 802.11 的控制(MAC),以提供更强的安全性 WPA2	
IEEE 802.11j	增强了现行的 802.11 的控制(MAC)和 802.11a 的物理层(PHY),使其可以工作在日本的 4.9GHz 和 5GHz 频段	2004 年

5.1.3.2　分层

　　IEEE 802 标准遵循 ISO/OSI 参考模型的原则,确定最低两层——物理层和数据链路层的功能,以及与网络层的接口服务、网络互连有关的高层功能。需要注意的是,按 OSI 的观点,有关传输介质的规格和网络拓扑结构的说明应比物理层还低,但对局域网来说这两者至关重要,因而 IEEE 802 模型中包含了对两者详细的规定。图 5-3 所示为 IEEE 802 参考模型与 OSI 参考模型的对比。

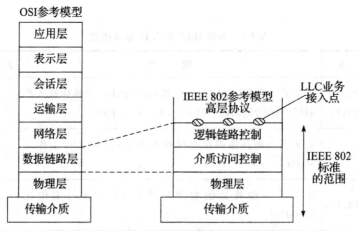

图 5-3　IEEE 802 参考模型与 OSI 参考模型的对比

IEEE 802 参考模型只用到 OSI 参考模型的最低两层:物理层和数据链路层。数据链路层分为两个子层,即介质访问控制(MAC)和逻辑链路控制(LLC)。物理介质、介质访问控制方法等对网络层的影响在 MAC 子层已完全隐蔽起来。数据链路层与介质访问无关的部分都集中在 LLC 子层。

5.2　无线局域网的关键技术

5.2.1　无线局域网的扩展频谱传输技术

扩展频谱技术是近些年来发展非常迅速的一种通信技术,将其用于无线局域网中,使系统的各项性能都得到改善,已成为无线局域网中不可缺少的一种技术。

扩展频谱技术具有以下特点:

(1)很强的抗干扰能力。

(2)可进行多址通信。

(3)安全保密。

(4)抗多径干扰。

5.2.1.1　直接序列扩频技术

直接序列扩频(Direct Sequence Spread Spectrdm,DSSS)技术是一种数字调制方法,通过利用高速率的扩频码序列在发射端扩展信号的频谱,而在接收端用相同的扩频码序列进行解扩,把展开的扩频信号还原成原来的信号。

1.DSSS 的组成

DSSS 是 IEEE 802.11 标准建议的无线局域网的物理层实现方式之一。该协议包括物理层汇聚(PLCP)子层和物理媒体依赖(PMD)子层两个组成部分。

如图 5-4 是 DSSS 物理层的 PLCP 子层帧的组成格式示意图。IEEE 802.11 称之为 PLCP 协议数据单元(PPDU)。DSSS 的 PLCP 帧由前导码(同步码 SYNC 和帧起始定界符 SFD)、PLCP 适配头[信号(Signal)、服务(Service)、长度(Length)和帧校验序列(FCS)]和 MAC 层协议数据单元 MPDU 所组成。

SYNC 使接收器在帧的真正内容到来之前与输入信号同步。适配头字段提供帧的有关信息，MAC 层提供的 MPDU 内含有工作站要发送的信息，在这里又作为 PLCP 数据单元(PSDU)。

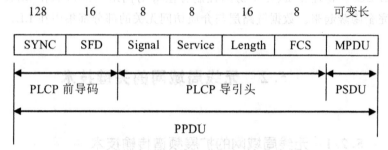

图 5-4 DSSS 的 PLCP 子层帧的组成格式示意图

DSSS 的 PMD 子层在 PLCP 的指挥下完成真正的 PPDU 发送和接收。PMD 直接和无线媒体建立接口，并为帧的发送与接收提供 DSSS 调制和解调。

DSSS 物理层的 PMD 操作负责将 PPDU 的二进制数表示形式转换成适合信道传输的无线电信号。DSSS 物理层将要发送的信号用伪噪声(PN)码扩展到一个很宽的频段上。信号被扩展后，其表现形式就如同噪声一样。扩展的频段越宽，信号的功率就越低，甚至扩展到功率比噪声极限还低，但同时又不损失任何信息。依据世界不同区域的调整权限，DSSS 物理层工作在 2.4～2.4835GHz 频段。IEEE 802.11 标准规范 DSSS 物理层最多工作在 14 个不同的频率。

2. DSSS 的工作原理

DSSS 采用固定载波频率。将信号用伪随机码扩展到一个很宽的频带上，在接收端用相同的伪随机码对接收的扩频信号进行解析。图 5-5 所示为 DSSS 方式的基本原理。

(1)图 5-5 中主机 A 向主机 B 进行无线数据传送时，首先将数字信号调制到窄带频率为 f_0 的载波上，调制信号的频谱再经扩频器进行横向扩展。

(2)扩频器中有一个伪随机噪声码信号发生器，它产生发送端和接收端事前都知道的 PN 码，由这个 PN 码对频谱进行扩展。

(3)接收端接收来自发送端的扩频后的调制信号。

(4)在没有其他电波信号和噪声干扰时，扩展后的频谱在接收端与使用和发送端相同的 PN 信号相互作用，恢复成原来的窄带信号，然后经滤波器过滤和解调器解调变成数字信号交给主机 B。

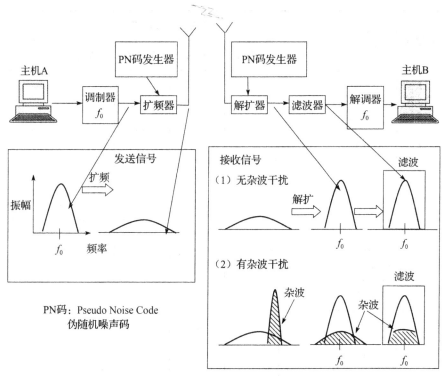

图 5-5　DSSS 方式的基本原理

　　(5)在有噪声干扰时,在扩展后的频谱上叠加了一个高电平的杂波谱。在接收端用 PN 信号与之相互作用,由于 PN 信号与杂波不相关,信号频谱恢复成原来的窄带信号,而杂波频谱进行了扩展,最后经滤波后窄带信号中的杂波分量很小,经解调后仍能恢复成原来的数字信号交给主机 B。所以,DSSS 方式具有较强的抗干扰能力。

　　表 5-2 展示了 DSSS 方式所用的载波频率,例如,日本使用的中心频率为 2.484GHz(频道号 14),频带范围为 2.471～2.497GHz(26MHz 频宽)。

表 5-2　DSSS 方式所用的载波频率

频道号	中心频率 /MHz	使用区域或国家					
		美国	加拿大	欧洲	西班牙	法国	日本
1	2.412	√	√	√	—	—	—

频道号	中心频率 /MHz	使用区域或国家					
		美国	加拿大	欧洲	西班牙	法国	日本
2	2.417	√	√	√	—	—	—
3	2.422	√	√	√	—	—	—
4	2.427	√	√	√	—	—	—
5	2.432	√	√	√	—	—	—
6	2.437	√	√	√	—	—	—
7	2.442	√	√	√	—	—	—
8	2.447	√	√	√	—	—	—
9	2.452	√	√	√	—	—	—
10	2.457	√	√	√	√	√	—
11	2.462	√	√	√	√	√	—
12	2.467	—	—	√		√	—
13	2.472	—	—	√		√	—
14	2.484	—	—	—	—	—	√

注:√标记表示可用频道。

DSSS 具有较强的抗干扰性和较好的隐蔽性。以下是 DSSS 的调制和解调实例。

【例 5.1】 对于码串 10010,如何使用 DSSS 进行调制和解调?

解:在利用 DSSS 进行调制和解调的过程中,首先需要进行伪随机码的同步,例如规定用 11000100110 表示"1",而用 00110010110 表示"0"。在发射过程中,发射端用 11000100110 编码"1",用 00110010110 编码"0",形成伪码 11000100110 00110010110 00110010110 11000100110 00110010110,然后在原来带宽 11 倍的带宽上将伪码发送出去;在接收端收到信号后,使用收到的伪随机码对收到的信号进行恢复,得到原始信号 10010。

5.2.1.2　跳频扩频技术

跳频扩频(Frequency Hopping Spread Spectrum,FHSS)同样是 IEEE 802.11 标准建议的一种无线局域网的物理层实现方式。相较于 DSSS 及 IR 物理层实现,FHSS 物理层具有成本较低、功耗较低和抗信号干扰能力较强的优点,但其通信距离一般小于 DSSS。

1.FHSS 的组成

该协议包括 PLCP 子层和 PMD 子层两个组成部分。图 5-6 所示的是 FHSS 的 LCP 子层帧的格式示意图。

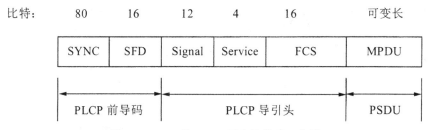

图 5-6　FHSS 的 PLCP 子层帧格式示意图

一般情况下,前导同步码使接收器在真正的帧内容到来之前获得与发送位时钟的同步以及天线分集的准备。适配头(Header)字段提供帧的有关信息,Whited PSDU 是工作站 MAC 层发送的经过扰码器漂白(Whited)的 MPDU。

FHSS 物理层的 PMD 在 PLCP 下层,实现对 PPDU 的真正发送和接收。PMD 子层直接与无线媒体接口,并为帧的传送提供 FHSS 调制和解调处理。该层将 PLCP 子层发来的二进制 PPDU 转换成适合信道传输的无线电信号。PMD 子层通过跳频功能和频移键控调制技术实现上述的转换。

2.FHSS 的工作原理

载频的变化规律受一串伪随机码的控制,如图 5-7 所示,发送端和接收端用相同的伪随机码控制频率的变化规律。在某一时刻,即使有特定频率的杂波(如 f_3 附近)进行干扰,载波频率立即改变成其他频率(如 f_1),因此抗干扰性强。

在 FHSS 的方式下,所使用的具体频率如表 5-3 所示。

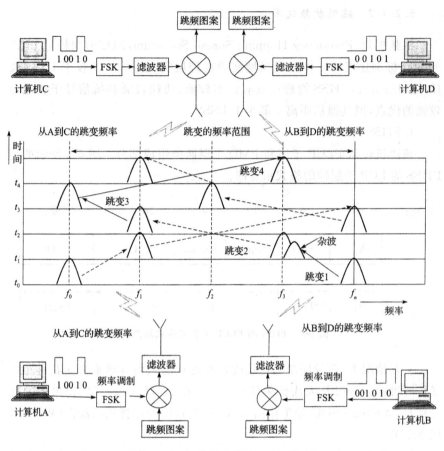

图 5-7　跳频扩频系统工作原理

表 5-3　FHSS 方式使用的频率与通道数

地域	频率下限/GHz	频率上限/GHz	频率范围/GHz	跳变频率的通道数	最小通道数
北美	2.402	2.480	2.400~2.4835	79	75
欧洲	2.402	2.480	2.400~2.4835	79	20
日本	2.473	2.495	2.471~2.497	23	
西班牙	2.447	2.473	2.445~2.475	27	20
法国	2.448	2.482	2.4465~2.4835	35	20

【例 5.2】 描述基于 FHSS 的信号发送与接收过程。

解：图 5-8 所示的是 FHSS 信号发射器和接收器的原理示意图。在发射过程中,经过调制器的信号会经过混频器。跳频指令发生器根据事先定义的跳频信号或规则生成本次的跳频规则,频率合成器根据本次的跳频规则生成跳频相位,然后由混频器将调制器的信号与频率合成器的信号进行叠加,将生成的跳频后的结果发给滤波器,最后由天线发送出去。在接收过程中,天线收到的信号进入混频器,接收端又根据事先定义的跳频序列生成本次的跳频规则,频率合成器根据本次的跳频规则生成跳频相位,然后由混频器将收到信号的相位还原,生成可以识别的信号,经由滤波器和解调器,得到最终的输出信号。

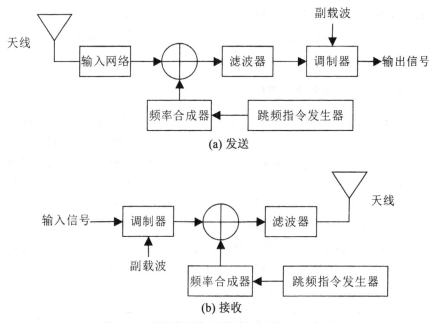

图 5-8　FHSS 信号发射器和接收器原理示意图

5.2.1.3　混合扩频系统

跳频系统和直扩系统都有很强的抗干扰能力,也都有自己的优点与不足,将两者有机地结合,就可以使系统的各项性能指标大大改善。FH/DS 混合扩频系统组成如图 5-9 所示的原理图。

采用 FH/DS 混合扩频系统,有利于提高系统的抗干扰性能。干扰机要有效地干扰 FH/DS 混合扩频系统,需同时满足两个条件:

(1)干扰频率要能跟上跳变频率的变化。

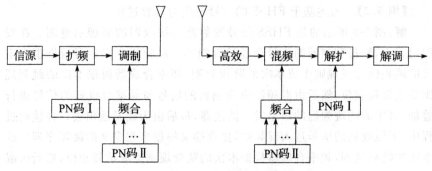

图 5-9　FH/DS 混合扩频系统原理框图

（2）干扰电平必须超过直扩系统的干扰容限。否则，干扰机就不能对 FH/DS 混合扩频系统构成威胁。这样大大增加了干扰机的干扰难度，从而达到更有效地抗干扰的目的。混合扩频系统的扩频增益是直扩和跳频增益的乘积。

5.2.1.4　正交频分复用技术

正交频分复用（Orthogonal Frequency Division Multiplexing，OFDM）扩频技术是 IEEE 802.11a 采用的一种扩频技术。IEEE 802.11a 是对 IEEE 802.11 标准进行的物理层扩充，与 FHSS 和 DSSS 两种技术差异较大。IEEE 802.11a 工作在 5GHz 频段，物理层速率可达 54Mbit/s，传输层速率达 25Mbit/s，可提供 25Mbit/s 的无线 ATM 接口和 10Mbit/s 的无线以太网帧结构接口，支持语音、数据、图像业务。

多载波传输把经过调制映射的信息数据调制在多个子载波上并行发射出去。基于快速傅里叶变换（Fast Fourier Transformation，FFT）实现的 OFDM 系统框图如图 5-10 所示。

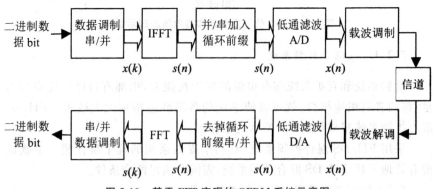

图 5-10　基于 FFT 实现的 OFDM 系统示意图

5.2.2　Wi-Fi 技术

5.2.2.1　Wi-Fi 技术概述

Wi-Fi(Wireless Fidelity,无线高保真)是一种重要的 WLAN(无线网络)技术,其中 Fidelity 是指不同厂商的无线设备间的兼容性。伴随着 4G 时代的发展,新一轮 WLAN 热潮开始,Wi-Fi 技术也越来越多地被人们提起。

Wi-Fi 为 WLAN 的普及做出的贡献,首先体现在提高 WLAN 设备的标准化程度上,然后是对各个设备厂商的 WLAN 设备进行测试,以保证来自不同厂商的产品之间的兼容性和互操作性,促进无线局域网的推广。

5.2.2.2　Wi-Fi 网络基本结构

IEEE 802 工作组定义了首个被广泛认可的无线局域网协议——802.11 协议。协议中指出了 Wi-Fi 的三层结构,如图 5-11 所示,由物理层(PHY)、介质访问接入控制层(MAC)及逻辑链路控制层(LLC)三部分组成。

802.2LLC				
802.11MAC				
802.11PHY FHSS	802.11PHY DHSS	802.11PHY IR/DSSS	802.11PHY OFDM	802.11PHY DSSS/OFDM
802.11b 11Mbit/s 2.4GHz			802.11a 54Mbit/s 5GHz	802.11g 54Mbit/s 2.4GHz

图 5-11　802.11 协议的三层结构

1. 物理层(PHY)

图 5-11 表明,802.11b 定义了 ISM 上工作频率为 2.4GHz、数据传输率为 11Mbit/s 的物理层;802.11a 定义了 ISM 上工作频率为 5GHz、数据传输率为 54Mbit/s 的物理层;802.11g 定义了 ISM 上工作频率为 2.4GHz、数据传输率为 54Mbit/s 的物理层。

2. 介质访问接入控制层(MAC)

Wi-Fi 标准中有一个适用于所有物理层的 MAC 层,若物理层发生改变,无须调整 MAC 层。该层的功能是:基于共享媒体的前提下,向不同用户提供共享资源。在传输数据前,仅需要发送端调节网络的可用性。

3.逻辑链路控制层(LLC)

LLC 层与 802.2 的 LLC 层完全相同,且具有 48 位 MAC 地址,从而保证了无线局域网和有限局域网两者间的高效连接。

5.2.2.3 Wi-Fi 网络组建

Wi-Fi 这一无线联网技术的实现,离不开无线访问节点(Access Point,AP)和无线网卡。与传统的有线网络相比,Wi-Fi 网络的组建在复杂程度和架设费用上都占有绝对的优势。组建无线网络时,仅需要在无线网卡和一台 AP 的基础上,利用原来的有线架构即可进行网络共享。AP 充当的主要角色是,在 MAC 层中连接无线工作站和有线局域网的桥梁。有了 AP,就像一般有线网络的 Hub 一般,无线工作站可以快速且轻易地与网络相连。

尤其是在宽带的实际应用中,Wi-Fi 技术使其更加便利。在接入有线宽带网络(ADSL、小区 LAN 等)后,连接上 AP,再把计算机装上无线网卡,即可共享网络资源。对于普通用户来说,仅需要使用一个 AP 即可,甚至用户的邻里得到授权后,无须增加端口,也能以共享的方式上网,如图 5-12 所示。

5.2.2.4 Wi-Fi 技术的优势

1.无线电波的覆盖范围广

Wi-Fi 的覆盖范围能达到半径 100m 左右,超过了蓝牙技术的有效范围。

2.传输速度快

与蓝牙技术相比,Wi-Fi 技术的安全性能较差,通信质量有待提高,不过,其具有较高的传输速度,能够达到 11Mbit/s(802.11b)或者 54Mbit/s(802.11g)。能够适应个人和社会信息化的高速发展,提供高速的数据传输。

3.无须布线

Wi-Fi 技术的实现避免了网络布线的工作,仅需要 AP 和无线网卡,即可实现某一范围内的网络连接。对于移动办公来说,非常便利,因此,其发展潜力较大。

4.健康安全

手机的发射功率约 200mW～1W,而且无线网络使用方式并非像手机直接接触人体,应该是绝对安全的。

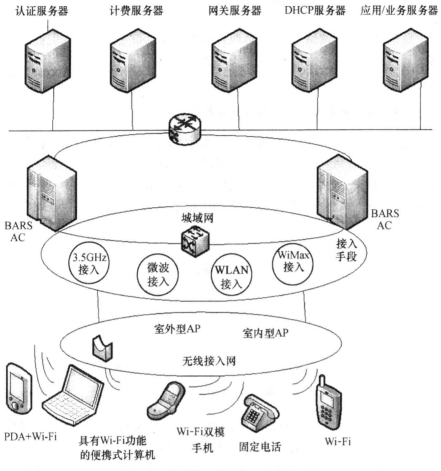

图 5-12　常见的无线网络组建拓扑结构

5.3　认识无线局域网模式

无线局域网与传统以太网最大的区别就是对周围环境没有特殊要求,只要电磁波能辐射到的地方就可搭建无线局域网,因此,也就产生了多种多样的无线局域网组建方案。应当根据实际环境和网络需求来选择采用何种无线网络组建方案。

5.3.1 对等无线网络

所谓对等无线网络方案,是指两台或多台计算机使用无线网卡搭建对等无线网络,实现计算机之间的无线通信,并借助代理服务器实现 Internet 连接共享。

5.3.1.1 对等无线网络的组成与拓扑

在这种网络中,台式计算机和笔记本电脑均使用无线网卡,没有任何其他无线接入设备,是名副其实的对等无线网络,如图 5-13 所示。如果每台计算机都拥有无线网卡,而支持迅驰技术的笔记本电脑都提供了对无线网络的支持,只需将所有计算机简单设置为无线对等连接,即可实现彼此之间的无线通信。

图 5-13 对等无线网

若想将其中一台计算机设置为代理服务器,则需要在该计算机上同时安装无线网卡和以太网卡(或 3G 上网卡),分别连接至 ADSL Modem(或 3G 网络)和无线网络,即可实现对等无线网络的 Internet 连接共享,如图 5-14 所示。

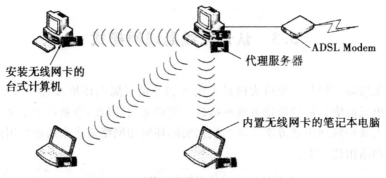

ADSL Modem

代理服务器

安装无线网卡的
台式计算机

内置无线网卡的笔记本电脑

图 5-14 对等无线网的 Internet 连接共享

对等无线网络中的所有客户端都必须设置唯一的网络名标识（Service Set Identifier，SSID），用于区分与之相邻的无线网络。唯有如此，相关的无线客户端才能加入至同一无线网络，实现彼此之间的通信。

5.3.1.2　对等无线网络的适用情况

（1）临时网络应用。一同出游的朋友之间、野外作业的同事之间、列车上相识的旅客之间、外出采风的影友之间都可以借助对等无线网络互传文件、对战游戏、共享资源，甚至在移动的车辆上都可以始终保持网络连接的畅通。不过，无线信号在封闭空间的有效传输距离为 20～30m。

（2）家庭无线网络。对于二人世界的 Mini 家庭而言，甚至不需要无线路由器，就可以实现简单的文件资源共享和 Internet 连接共享。

（3）简单网络互联。对于需要实现简单文件资源的两台或多台计算机，也可以采用无线网络实现互联。但是，要求所有接入网络的无线网卡都采用统一的无线标准。

5.3.2　独立无线网络

所谓独立无线网络，是指无线网络内的计算机之间构成一个独立的网络，无法实现与其他无线网络和以太网络的连接，独立无线网络由一个无线访问点和若干无线客户端组成。

5.3.2.1　独立无线网络的组成与拓扑

独立无线网络方案与对等无线网络方案非常相似，所有计算机都必须安装无线网卡，或者内置无线网络适配器。所不同的是，独立无线网络方案中加入了一个无线访问点，如图 5-15 所示。无线访问点类似于传统以太网中的集线器，可以对无线信号进行放大处理。一个无线工作站到另外一个无线工作站的信号都经由该无线 AP 放大并进行中继。

5.3.2.2　独立无线网络的适用情况

（1）临时网络应用。由于独立无线网络的安装比较简单，只要一台无线 AP 就可以搭建一个小型无线网络，不需要进行网络布线，因此，特别适合于一些需要临时组建网络的应用场合。

（2）小型办公网络。由于每个无线接入点能够容纳的计算机数量有限，因此，独立无线网络只适用于组建规模不大的小型无线网络，容纳的计算机数量最多不超过 30 台，以 10～15 台为宜。

图 5-15　独立无线网络

5.3.3　接入无线网络

当无线网络用户足够多，或者确有无线接入需求时，可以在传统的局域网中接入一个或多个无线接入点，从而将无线网络连接至有线网络主干。

5.3.3.1　接入无线网络的组成与拓扑

由于无线 AP 都拥有一个以太网接口，因此，可以借助安装无线 AP 的方式，实现无线局域网与有线局域网的融合，实现无线客户端与有线客户端和服务器的通信，不仅可以实现局域网资源的共享，而且增加了传统局域网接入方式的灵活性。如图 5-16 所示为接入无线局域网拓扑图。

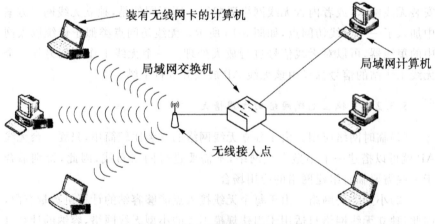

图 5-16　接入无线局域网拓扑图

5.3.3.2　接入无线网络的适用情况

(1)频繁接入和离开网络的用户。网络通信量不是很大,而且绝大多数用户都对移动办公有较高的要求(如笔记本电脑用户),或者需要频繁接入或离开网络(如公司的售前和售后人员)。

(2)临时接入局域网。对于一些需要临时接入局域网的场合,比如会议室、接待室等,也可以采用无线接入方式,为移动办公用户提供灵活、方便的网络接入。

(3)不方便布线的场合。对于一些跨度较大、用户数量不多、不方便布线的场合,若欲实现网络资源共享、办公自动化或电子商务,也可采用无线接入方式。

(4)局域网的补充。由于无线 AP 可以提供灵活的、可扩展的网络接入,因此,被广泛应用于各种类型的局域网,作为局域网络传统接入方式的有效补充。

5.3.4　无线漫游网络

在无线漫游网络中,无线访问点借助网络分布系统(网络中枢)连接在一起。当无线网络用户从一个位置移动到另一个位置时,或者一个无线访问点的信号变弱或访问点由于通信量太大而拥塞时,可以连接到另外一个新的访问点,而不中断与网络的连接。

5.3.4.1　无线漫游网络的组成与拓扑

欲实现无线漫游网络,必须在漫游区域内实现无线信号的无缝覆盖。由于每个无线 AP 的信号范围有限,因此,无线漫游的区域越大,则需要的无线 AP 的数量越多。通常情况下,都是借助已有的传统局域网,将所有的无线 AP 逻辑地连接在一起,并借助专门的无线局域网控制设备实现对无线 AP 的自动化配置和管理。

无线漫游网络用户在无线信号覆盖区域内的移动过程中,根本感觉不到无线 AP 间进行的切换,能够持续地保持与无线网络的连接,并进行正常的网络通信。如图 5-17 所示为某办公大厅内的无线漫游拓扑图。

注意:所有无线 AP 不必连接至同一交换机,甚至不必划分至同一 VLAN。只要所有无线 AP 逻辑地连接在一起,并能够实现与无线局域网控制设备的通信,即可实现无线漫游。

当需要在室外实现无线漫游时,则必须实现室外的无线覆盖,即应当在建筑内安装若干无线 AP,并连接至网络主干,如图 5-18 所示,实现无线局域网控制设备的通信。

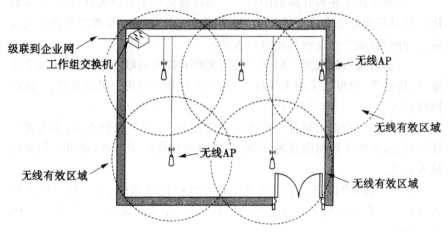

图 5-17　某办公大厅内的无线漫游拓扑图

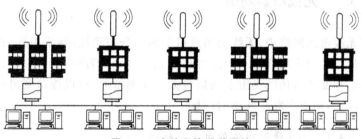

图 5-18　室外无线漫游网络

5.3.4.2　无线漫游网络的适用情况

(1)不便布线的场所。由于无线蜂窝覆盖技术的漫游特性,使其成为应用最广泛的无线覆盖方案,适合在仓库、机场、医院、图书馆、报告厅、会议大厅、办公大厅、会展中心等不便于布线的环境中使用。

(2)需要提供灵活接入的场所。适合学校、智能大厦、办公大楼等移动办公需求较多,需要提供灵活网络接入的场所。

5.3.5　点对点无线网络

点对点无线网络,是指使用两个无线网桥,采用点对点连接的方式,将两个相对独立的网络连接在一起。点对点通信使用独享的"信道",不受其他人的干扰。

5.3.5.1　点对点无线网络的组成与拓扑

在点对点无线网络中,必须将其中一个无线网桥设置为"Root"(根),另一个无线网桥设置为"Non-root"(非根),一个"根"和一个"非根"才能实现彼此之间的通信。通常情况下,离网络核心交换机较近的一端设置为"根网桥",另一端设置为"非根网桥",如图 5-19 所示。另外,为了增大无线信号的增益,延长有效传输距离,点对点无线网络应当采用室外定向天线。

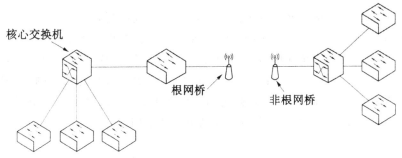

图 5-19　点对点无线网线

5.3.5.2　点对点无线网络的适用情况

点对点无线网络,通常适用于两个建筑物、两个园区、总部与分支机构之间的连接。当建筑物之间、园区和单位内部采用光纤或双绞线等有线方式难以连接时,可采用点对点的无线连接方式。可以将每栋建筑或独立区域视为一个局域网络,只需在每个网段中都安装一个无线网桥,即可实现网段之间点对点的连接,如图 5-20 所示。

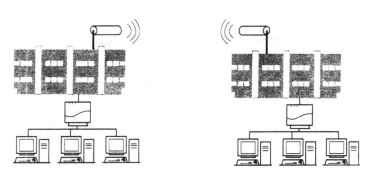

图 5-20　点对点无线网络

由于无线网桥均同时拥有无线接口和以太网接口,因此,只需将无线网桥与汇聚交换机连接在一起,即可实现两个局域网络之间的远程无线互连。

5.3.6　点对多点无线网络

点对多点无线网络,是指使用多个无线网桥,以其中一个无线网桥为根,其他非根无线网桥分布在其周围,并且只能与位于中心的无线网桥通信,从而将多个相对独立的网络连接在一起,实现彼此之间的数据交换。

5.3.6.1　点对多点无线网络的组成与拓扑

每个需要连接到网络的子网都连接一台无线网桥,由于无线网桥之间可以相互通信,因此,连接至网桥的局域网之间也就可以进行通信了。在点对多点的无线网络拓扑中,位于中心的无线网桥因为要与位于周围不同位置的无线 AP 进行通信,因此,需要使用全向天线。而其他无线网桥,因为其只与中心网桥通信,为了能够达到最好的通信质量,则需要选用定向天线。如图 5-21 所示为点对多点无线网络拓扑结构。

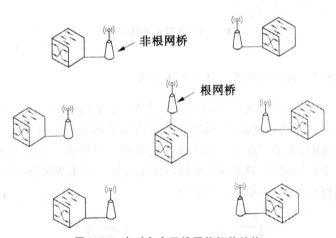

图 5-21　点对多点无线网络拓扑结构

5.3.6.2　点对多点无线网络的特点与适用情况

点对多点无线网络,一般用于建筑群之间的各个局域网之间的连接,在建筑群的中心建筑顶上安装一个全向无线 AP,在其他建筑上安装指向中心建筑的定向无线 AP,即可实现与其覆盖范围内的其他建筑的局域网互连,如图 5-22 所示。

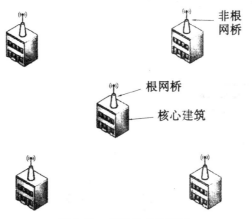

图 5-22　点对多点的应用

5.4　WLAN 的应用

在学校里,老师可以在便携式计算机上制作教材,然后将计算机带进教室,直接通过无线局域网连上学校或外界的网络,甚至学生的计算机也能经由无线局域网来取得老师准备的补充教材。学生在校园里可经由 WLAN 随时上网。WLAN 通常扮演接入网络(Access Network)的角色,让用户连上有线网络或主干网络,所以 WLAN 可以看成是一种数据链路层的网络。由于 WLAN 的速率与扩展弹性(Resiliency)不高,并不适合用来建立核心网络(Core Network)或发网络(Distribution Network)。

由于 WLAN 的数据传输速率很高,可以支持各种应用,因此有人认为 WLAN 会成为未来很多移动用户上网的方式,不过目前还很难看出 WLAN 是否真的能突破一般家用与办公室应用的领域。在实现上,既然有 WLAN 技术,很多网络的设计有了更大的弹性,最常见的情况是办公室大楼中会议室与 LAN 的连接,或有些临时的展示区域需要网络连接的情况。和有线网络比较起来,WLAN 的构建就容易多了,而且拆卸也比较方便。下面列出几个 WLAN 的典型用途。

(1)有线网络的延伸。WLAN 可以当作连接有线网络的通道,也能作为有线网络的延伸方式,降低布线的成本。

(2)建筑物之间的连接。校园中的建筑物之间通常都需要以网络连接在一起,以往有线的部署都需要进行一些复杂的工程,图 5-23 显示了建筑物之间以无线的方式所建立的连接。

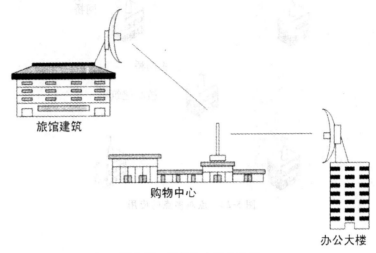

图 5-23　建筑物之间的连接

（3）最后一英里（Last Mile）的连线。无线的因特网服务提供商（Wireless Internet Service Provider，WISP）可以利用无线通信来提供客户端的连接，也就是所谓的最后一英里的连接。

（4）"SOHO 族"。SOHO（Small Office Home Office）是指小型办公室或家庭式办公室，不必大费周章地部署 LAN，可以使用简单的 WLAN 来连接少数的计算机设备。

（5）移动办公室。有时候用户可能需要移动到其他地点工作，例如学校登记的时候临时建立的登记地点就可以算是一种移动办公室。移动教室也是使用同样的概念。

（6）需要移动性的应用。这是非常典型的无线应用，例如仓储管理员以无线的方式来输入数据会比较方便。移动性加上漫游（Mobility）的功能通常是这类应用考虑的主要功能。

图 5-23 中建筑物之间的连接方式可能包括点对点（Point To Point，PTP）与单点对多点（Point To Multipoint，PTMP）的情况，例如左右两边的建筑物上可以架设定向天线（Directional Antenna），中间的建筑物则使用全向天线（Omni-directional Antenna），形成一种星状（Star）的网络架构。

第6章　蓝牙无线通信技术

蓝牙(Bluetooth)是一种无线通信的新规范,主要的目标在于让更多种类的计算机与通信设备能以无线的方式连上网络,至于通信的方式也有很大的弹性,能临时建立特殊的连接,或自动产生连接。和其他无线通信技术比较起来,蓝牙很特别。

6.1　蓝牙协议体系

蓝牙系统遵循蓝牙协议体系,采用分层的结构。本节将详细讲解蓝牙协议体系,以及蓝牙系统的软、硬件实现。

蓝牙协议遵循开放系统互连 OSI(Open System Interconnection)参考模型,蓝牙体系可分为底层协议、中间层协议和高端应用层协议三大类,如图 6-1 所示。

在图 6-1 中,蓝牙的协议体系层次之间的关系如下所述:

底层协议与中间层协议共同组成核心协议(Core),绝大部分蓝牙设备都要实现这些协议。

高端应用层协议又称应用规范(Profiles),是在核心协议基础上构成的面向应用的协议。

还有一个主机控制接口(Host Controller Interface,HCI),由基带控制器、连接管理器、控制和事件寄存器等组成,是蓝牙协议中软、硬件之间的接口。

6.1.1　蓝牙底层协议

蓝牙底层协议包括以下几个单元:

(1)无线射频(RF)协议:RF 层通过 2.4GHz 无须授权的 ISM 频段的微波,对数据位流进行过滤和传输,该层协议规定了蓝牙收发器在 ISM 频段能够正常工作需要符合的条件。

(2)基带(Baseband,BB)协议:BB 层主要用来进行跳频操作和传输蓝牙数据和信息帧。

（3）链路管理协议（Link Manager Protocol，LMP）：LM层主要用来建立和解除链路连接，进而确保链路的安全性。

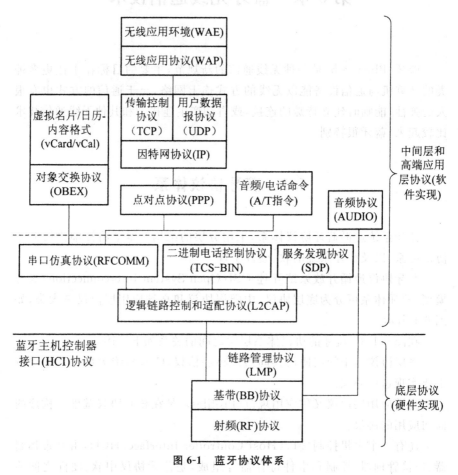

图 6-1　蓝牙协议体系

6.1.2　蓝牙中间层协议

蓝牙中间层协议包括以下几个单元：

（1）蓝牙主机控制器接口（HCI）协议：位于 L2CAP 和 LMP 之间，为上层协议提供进入 LMP 和 BB 的统一接口和方式。HCI 传输层包括 USB、RS-232、UART 和 PC 卡。

（2）逻辑链路控制与适配协议（L2CAP）：主要完成数据的拆装、服务质量控制、协议的复用、分组的分割和重组及组管理等功能。

（3）串口仿真协议（RFCOMM）：又称线缆替换协议，仿真 RS-232 的控制和数据信号，可实现设备间的串行通信，为使用串行线传送机制的上层协议提供服务。

（4）电话控制协议（TelCtrl）：包括电话控制规范二进制协议（TCS-BIN）和 AT 命令集。其中，TCS-BIN 是在蓝牙设备间建立语音和数据呼叫的控制信令。

（5）服务发现协议（SDP）：为上层应用程序提供一种机制来发现可用的服务，是所有用户模式的基础。

6.1.3　蓝牙高端应用层协议

高端应用层包括以下几个单元：

（1）对象交换协议（OBEX）：只定义传输对象，而不指定特定的传输数据类型，可以是从文件到电子商务卡、从命令到数据库等任何类型。

（2）网络访问协议：包括 PPP、TCP、IP 和 UDP 协议，用于实现蓝牙设备的拨号上网，或通过网络接入点访问因特网和本地局域网。

（3）无线应用协议（WAP）：支持移动电话浏览网页、收取电子邮件和其他基于因特网的协议，可在数字蜂窝电话和其他小型无线终端上实现因特网业务。

（4）无线应用环境（WAE）：可提供用于 WAP 电话和个人数字助理 PDA 所需的各种应用软件。

（5）音频协议（AUDIO）：可在一个或多个蓝牙设备之间传递音频数据，并通过在基带上直接传输 SCO 分组实现。

6.2　微微网与散射网

在蓝牙中，未通信前设备的地位是平等的，在通信的过程中，设备则分为主设备（Master）和从设备（Slave）两个角色。其中首先提出通信要求的设备称为主设备，而被动进行通信的设备称为从设备。

微微网（Pico Net，或皮可网）是通过蓝牙技术以特定方式连接起来的一种微型网络。

在微微网中，一个主设备最多可以同时与 7 个从设备进行通信。这种主从工作方式的个人区域网实现起来较为经济。

在蓝牙技术中,微微网的信道特性由主设备所决定,主设备的时钟作为微微网的主时钟,所有从设备的时钟需要与主设备的时钟同步。

微微网中,在主设备的控制下,主、从设备之间以轮询的调度方式,轮流使用信道进行数据的传输。

在蓝牙中,还可以通过共享主设备或从设备,把多个独立的、非同步的微微网连接起来,形成一个范围更大的散射网(Scatter Net,扩散网),如图6-2所示。

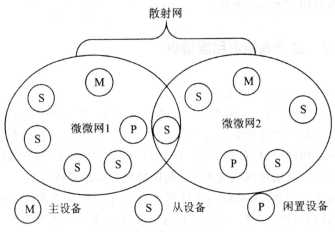

图 6-2 蓝牙拓扑结构

散射网可以不需要额外的网络设备。这样,多个蓝牙设备在某个区域内一起自主协调工作,相互间通信,形成一个独立的无线移动自组网络。

在一个微微网中,所有设备的级别是相同的,具有相同的权限。主设备单元负责提供时钟同步信号和跳频序列,从设备单元一般是受控同步的设备单元。每个微微网使用不同跳频序列来区分,是通过一种非固定的临时的甚至是随机性的连接,但此连接是自动完成的。

任一个蓝牙设备在微微网和散射网中,既可作为主设备,又可作为从设备(如图6-3所示),还可同时兼作主、从设备(在一个微微网中作为主设备,在另一个微微网中作为从设备,如图6-3中的 M/S),因此在蓝牙设备中没有主、从之分。

但是,一旦组成了微微网之后,同一个微微网内的2个从设备之间的通信,必须经过主设备进行中转。即从设备之间即使相距很近,分别处在对方的传输范围之内,它们之间也不能建立直接链路进行通信。

连接两个或两个以上散射网的节点称为桥节点/网关节点。

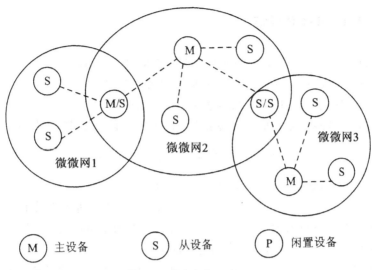

图 6-3　节点角色示意图

桥节点可以在多个微微网中都充当从设备,这样的桥节点称为从/从桥(如图 6-3 中的 S/S)。

桥节点也可以在一个微微网中充当主设备,在其他微微网中充当从设备,这样的节点称为主/从桥(如图 6-3 中的 M/S)。

但是,没有主/主桥,因为如果两个微微网络有同一个主设备,就变成了同一个微微网。

虽然在蓝牙规范中,每个设备都可以充当多重角色,然而每个设备同时只能在一个微微网中进行通信,因为要想与其他微微网中的设备进行通信,必须事先进行时间和跳频的同步。

为了提高网络资源利用效率,以及保证网络的 QoS,需要一种调度机制来控制桥节点在不同微微网的工作,保证桥节点能以时分的方式在不同微微网之间交换数据,即蓝牙调度策略。

6.3　散射网拓扑形成和路由算法

目前,蓝牙协议尚未对蓝牙散射网的形成作出统一的规范,但是国内外已经有许多学者提出了多种蓝牙 Ad Hoc 网络形成及路由算法。

下面简单介绍几种典型的算法。

6.3.1 BTCP 算法

BTCP 算法采用分布式逻辑构建蓝牙散射网,它假设:

所有节点都在相互的通信范围内,属于单跳算法。

散射网中的每个桥节点只能连接两个微微网。

两个微微网只能共享一个桥节点。BTCP 设定微微网的个数为

$$P = \frac{17 - \sqrt{287 - 8N}}{2}, 1 \leqslant N \leqslant 36 \qquad (6\text{-}1)$$

式中,N 为节点数;P 为所需的最少微微网数。

因为每个微微网中只能有一个主设备,所以 P 也是最少的主设备数。

桥节点的个数为 $P(P-1)/2$,这里假设任意两个微微网都可以互联。

其余的节点为从设备,将均匀地分配给各微微网。

BTCP 散射网的形成可分为 3 个阶段,BTCP 散射网的形成过程如图 6-4 所示。

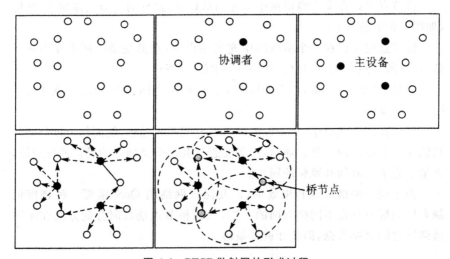

图 6-4 BTCP 散射网的形成过程

6.3.1.1 推举协调者阶段

每个节点都持有一个变量 VOTES,初始值为 1。

所有节点随机进入查询或查询扫描模式,当两个节点互相发现时,比较它们所持有的 VOTES 值,VOTES 值较大的节点获胜。如果双方的 VOTES 值相等,则具有较大蓝牙地址的节点获胜。

负者将目前收集到的其他节点的 FHS(查询响应分组)送给获胜者,负

者进入寻呼扫描状态。

获胜者接收负者的 FHS 包,且将负者的 VOTES 值累加到自己的 VOTES 值上,然后继续随机进入查询和查询扫描模式。

在一段设定的时间范围内,某个节点没有发现其他节点 VOTES 值比自己的大,该节点就是推举出来的协调者。

6.3.1.2　角色确定阶段

由第一阶段选出的协调者,根据所有节点的 FHS 包,通过式(6-1),计算得到最少主设备数和桥节点数,确定各个节点将在散射网中担任的角色。

6.3.1.3　连接建立阶段

当每个主设备从协调者那里接收到连接列表后,便以寻呼模式与它的桥节点和从设备建立连接,形成蓝牙微微网。

当每个主设备都从它的桥节点处得知,桥节点已连接两个微微网时,一个完全连接的蓝牙散射网就形成了。

6.3.2　BlueTrees 算法

BlueTrees 是一个针对多跳情况的散射网拓扑生成方法。协议由一个指定的根节点发起散射网的构建。根节点以主设备的身份,一个接一个地寻呼其邻居节点,被寻呼的节点如果没有加入到某个微微网中,就接受寻呼,成为寻呼节点的从设备。

反复执行这个过程,直到所有的节点都成为某个微微网的成员时,整个散射网的构建过程完成。最终得到如图 6-5 所示的树形拓扑结构。

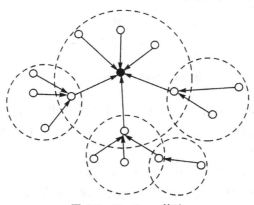

图 6-5　BlueTrees 算法

6.3.3 Scatternet-Route 协议

Scatternet-Route 协议与其他协议不同,不是事先将所有的设备互连起来,形成一个完整的散射网,而是只在有数据要传输时,才沿着发现的路由临时建立散射网。当数据传输完毕,该临时的散射网将被撤销。

Scatternet-Route 散射网形成协议分为以下两个阶段。

6.3.3.1 基于泛洪法的路由发现

当源节点有数据需要发送时,就将一个路由发现包(RDP,Route Discovery Packet)泛洪到整个网络,寻找目的节点。

6.3.3.2 反向 Scatternet-Route 形成阶段

当指定目的节点接收到第一个 RDP 时,就沿着该 RDP 来时的路径,反方向回送一个路由应答包(RRP)给源节点,同时启动散射网的形成进程,散射网由该路径上的所有节点所组成。

如图 6-6 所示,该协议采用主-从设备交替的散射网结构。因为散射网是由目的节点到源节点反向形成的,所以目的节点的角色最先确定,是第一个主设备。其后下一跳节点的角色由上一跳节点所确定,与上一跳节点的角色相反,即形成了主、从、主、从⋯⋯这样的交替角色链。

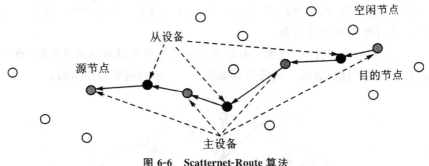

图 6-6　Scatternet-Route 算法

在回送 RRP 的过程中,路径上的节点一个接一个地连接起来。当 RRP 到达源节点时,散射网就构建完毕。此后,路径上的那些从设备就作为从/从桥进行工作。

由于散射网是临时性质的,Scatternet-Route 协议不需要周期性地维护链路,更适用于那些网络拓扑经常变化的情况。但是这种按需建立的散射网,在进行数据传输的开始,时间延迟比较长。

6.3.4　BlueStars 算法

BlueStars 协议形成了一个具有多条路径的网状网络,形成过程具有分布式的特点,协议分三个阶段进行。

6.3.4.1　邻居发现阶段

相邻节点相互获取对方信息,包括节点标识、同步信息和权重值等。

6.3.4.2　微微网形成阶段

由权重值比所有邻节点都大的节点作为主设备的角色,开始构建微微网。主设备一旦决定自己的角色,就将该决定通知所有邻节点,邀请这些邻节点加入它的微微网。

这个阶段结束后,整个网络被划分为多个分离的微微网,并且通过一些信息交换过程,每个主设备都可以知道它的相邻主设备的信息。

6.3.4.3　微微网互连阶段

每个主设备选择桥节点来连接多个微微网。为了保证形成的散射网的连通性,每个主设备都要与它所有的相邻主设备建立一条路径,这些路径上的中间节点就是桥节点。桥节点数可以是一个,也可以是一组。微微网通过这些桥节点互相连接,最终形成散射网。

6.3.5　BAODV 算法

BAODV(Bluetooth AODV)算法是在蓝牙协议规范的基础上,对传统 Ad Hoc 网络的 AODV 算法进行修改而得到的一种按需路由算法。

BAODV 算法包括下面几个阶段。

6.3.5.1　网络形成阶段

网络中的节点初始化后处于 STANDBY 状态,之后进入网络的初始化阶段。本地设备首先启动查询,获取周边所有相邻节点的蓝牙地址及时钟同步信息。

6.3.5.2　路由请求阶段

当源节点希望发送数据时,节点首先发送一条路由请求 BRREQ 分组消息,BRREQ 分组消息包含源节点及目的节点的蓝牙地址,并且引入了节点序列号以防止路由环路的产生,以及一个路由请求标识(BRREQ ID)防止中间某节点重复处理该分组。源节点泛洪该 BRREQ 分组。

在泛洪 BRREQ 的过程中,本地节点首先以从设备的身份等待上一跳节点的连接,在接收到上一跳节点交付的 BRREQ 分组后,再进行转换,以主设备的身份连接所有邻居节点并广播该 BRREQ 分组,如图 6-7 所示。

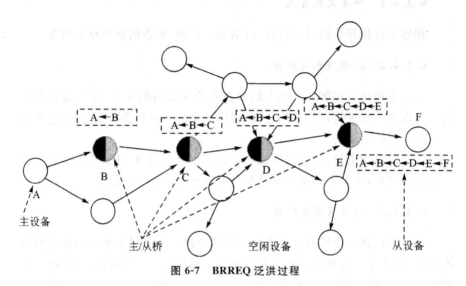

图 6-7　BRREQ 泛洪过程

6.3.5.3　路由建立阶段

当目的节点接收到 BRREQ 分组时,目的节点保存一张完整的从目的节点到源节点的反向路由。目的节点沿着这条反向路由向源节点返回一个路由应答分组(BRREP)。沿途的节点首先以从设备接收 BRREP 分组,然后进行角色转换以主设备连接下一跳节点并转发 BRREP 分组,如图 6-8 所示。

在返回 BRREP 的过程中,蓝牙节点将根据 BRREQ 中自己到源节点的跳数来确定本节点在传输后续数据时的主从角色:

跳数为偶数时,该节点被委任为主设备。

跳数为奇数时,该节点被委任为从设备。

当节点执行 BRREP 转发后,立即进行节点角色的转换。

当 BRREP 到达源节点后,所有路径上的节点就形成了一个到达目的节点的正向路由,同对路由中各个节点和角色也已经分配完成。路由形成如图 6-9 所示。

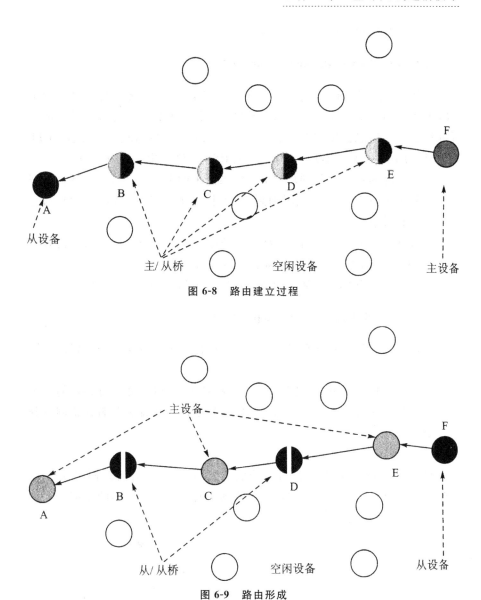

图 6-8　路由建立过程

图 6-9　路由形成

6.3.6　LARP 算法

LARP(Location Aware Routing Protocol)算法的前提是网络拓扑已经建立,网络节点移动性较小,利用节点的位置信息来显著减少路由跳数。网络中的节点可以通过蓝牙位置网络(Bluetooth Location Network,BLN)获取节点的位置信息。

LARP 算法包括以下几个阶段。

6.3.6.1 路由寻找（Route Search）阶段

当源节点有数据业务发送时，源节点向目的节点泛洪路由寻找分组（Route Search Packet，RSP）。在 RSP 转发过程中，需要记录相关节点的蓝牙地址和位置信息。RSP 分组还包括 TTL 和序列号（SEQN）等信息，TTL 为 RSP 的生命周期，SEQN 是为了避免 RSP 泛洪产生的路由环路。

当微微网的主设备收到从源节点泛洪过来的 RSP 分组，主设备首先把自己的蓝牙地址和位置信息附加到 RSP 中，然后把 RSP 分组转发到与它相连的所有桥节点。

桥节点收到 RSP 分组后，也把自己的蓝牙地址和位置信息添加到 RSP 中，并把 RSP 分组转发到它们所属的其他主设备。

最后目的节点将收到从不同节点转发过来的多个 RSP 分组。

6.3.6.2 路由应答（Route Reply）阶段

当目的节点接收到 RSP 分组，目的节点将向源节点返回一个路由应答分组（RRP）。

目的节点根据 RSP 分组形成的正向路径进行反向，并通过路径的缩短和替换机制形成最终的最短路由。LARP 算法的路由缩短与替换机制可分为三个步骤。

1. 反向路由的形成

目的节点利用位置信息，计算出它与源节点之间的距离，同时在 RRP 中附上经过目的节点与源节点两点的直线方程（如图 6-10 中的粗箭头线）。然后把 RRP 转发给下一跳节点。

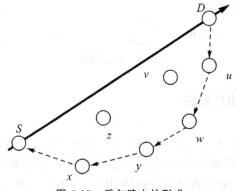

图 6-10　反向路由的形成

下一跳节点在接收到 RRP 分组后,沿着反向路由,转发到下一个节点,其中的主设备将按照替换规则和缩短规则处理 RRP 分组。

2.替换规则

如图 6-11 所示,主设备首先计算它所有的从设备(设为 v、w)到直线 SD 的距离。

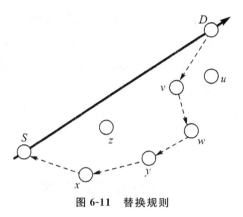

图 6-11　替换规则

u 找出距离直线 SD 最近、且在前一跳节点(D)和下一跳节点(w)通信范围内的从设备 v,u 用 v 的地址和位置信息取代自己在 RRP 中的信息(如图 6-10 所示)。

3.缩短规则

如果一个节点 N(主设备或者从设备)与直线 SD 的距离更短,且节点 N 在 RRP 路径(设路径为 $\{D,\cdots,d_i,\cdots,d_j,\cdots,S\}$)中两节点 d_i 和 d_j 的通信范围内($j>i+2$),则节点 N 将在路径中取代 d_i 和 d_j 之间所有节点的信息,路径将改为 $\{D,\cdots,d_i,N,d_j,\cdots,S\}$。

路由缩短机制示意图如图 6-12 所示。

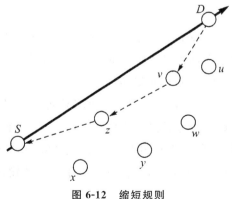

图 6-12　缩短规则

主设备再转发 RRP 分组到下一个节点,并执行前两个步骤的循环,直到源节点收到 RRP 为止。当源节点接收到 RRP 分组后,源节点到目节点的最短路径就形成了。

6.3.6.3 路由连接(Route Reconstruction and Connection)阶段

当源节点接收到 RRP 分组后,源节点将根据 RRP 中的路由信息,对下一跳节点进行"查询—扫描—连接",进而建立起连接,交付数据分组。

下一跳节点转换角色,以主设备身份与下一节点建立连接,进行数据传递,直到数据到达目的节点。

这时路由链路将形成一个以主/从桥节点为主的链路,这也是为什么 LARP 在替换和缩短时不用考虑被替换掉的是否是主设备的原因。

6.4 蓝牙技术的应用

蓝牙是一种近距离无线通信的技术规范,它最初的目标是取代现有的掌上电脑、移动电话等各种数字设备上的有线电缆连接。在制定蓝牙规范之初,就建立了统一全球的目标,向全球发布,工作频段为全球统一开放的 2.4GHz 的 ISM 频段,由于蓝牙技术具有开放性、低成本、低功耗、体积小、点对多点连接、语音与数据混合传输、良好的抗干扰能力,以及强调移动性和易用性应用环境等方面的特点,使其应用已不局限于计算机外设,几乎可以被集成到任何数据设备之中,广泛应用于各种短距离通信环境,特别是那些对数据传输速率要求不高的移动设备和便携设备,具有广阔的应用前景。如图 6-13 所示为蓝牙的应用模型。

1.文件传输(File Transfer)

文件传输应用模型支持目录、文件、文档、图像和流媒体格式的传输。此应用模型也包括了在远程设备中浏览文件夹的功能。

2.拨号网络(Dial-up Networking)

使用此应用模型,一台带有蓝牙功能的 PC 可以通过装有蓝牙芯片的调制解调器或手机以无线方式接入拨号网络,提供拨号连网和传真的功能,对于拨号连网,AT 命令用于控制移动电话或 Modem。而另一个协议栈(如 RFCOMM 上的 PPP)用于数据传输。对于传真传输,传真软件直接在 RFCOMM 上操作。

3. 局域网接入(LAN Access)

此应用模式使得微微网上的设备可以接入 LAN。一旦接入,设备工作起来如同直接连到了(有线)LAN 上。

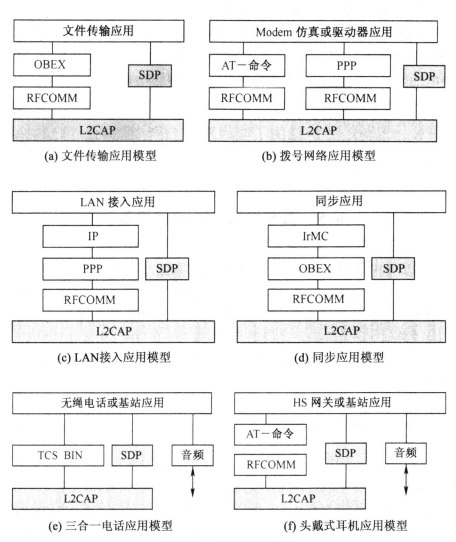

图 6-13　蓝牙的应用模型

4. 同步(Synchronization)

同步操作应用模型提供了手机、计算机、个人数字处理(PDA)等设备间个人信息管理(Personal Information Management,PIM)信息的同步,如商务卡、电话簿、日程、消息和通知等。同步要求由手机、计算机和 PDA 处理的商务卡、电话簿等使用共同的协议和格式。

5.三合一电话(Three in One Phone)

实现此应用模型的手机可以作为一台连接到语音基站的无绳电话,作为一部与其他电话相连的内部通信设备和作为一部蜂窝电话。

使用内置蓝牙芯片的手机,当你在办公室时,你的手机作为内部通信系统使用(不计费);在家时,它作为无绳电话使用(按固定电话收费,节省手机费用);外出时,离开屋子一段距离后便会自动切换到移动基站上作为移动电话使用(按蜂窝电话收费)。

6.头戴式设备(Headset)

它可以作为音频输入/输出接口和远端设备连接起来,这种应用可以保证人们在通话的时候自由活动。

6.5 蓝牙的市场与未来发展

蓝牙 SIG 组织下的各工作组(Working Group)对于蓝牙技术的规范持续地进行研究和拟定,主要的方向在于第 1 版的更正、更多特征的开发与第 2 版规范的建立。第 2 版的蓝牙规范能支持 2～10Mbps 的数据传输速率,让多媒体的信息也能通过蓝牙来传送。蓝牙技术在功能上仍然有改进的空间,例如蓝牙设备之间的链路交接(Link Handover)应该要有蜂窝网络那样的机制。

6.5.1 蓝牙系统的构建

下面从两个角度来看蓝牙系统的构建,即蓝牙设备的设计与蓝牙网络的构建。蓝牙的规范在实际的产品制造中衍生了一些问题,因为蓝牙的规范不够明确,所以需要软硬件方面的设计。早期把蓝牙的功能当作附加的设备,连接到需要蓝牙功能的产品上,例如通用型的蓝牙附加设备(Bluetooth Dongle)、具有蓝牙功能的电池或插入式的卡片,这种方式导致较高的成本,而且整合性低,如果能把蓝牙功能整合到产品中,就能大幅降低成本,但是也提高了设计的难度。当大多数设备都具有蓝牙通信的能力时,在网络的设置上并没有很特殊的问题。

6.5.2 相关的技术与标准

有许多无线通信技术在功能与市场上跟蓝牙技术形成部分重叠,当然各种技术都各有其优劣。图 6-14 所示为各种相关技术的通信范围与数据传输速率,在决定使用哪种通信技术的时候应该先了解到底是用于哪些方面的应用,例如数字摄像机与录放机之间的视频传送,距离不远,但是数据传输速率的要求却相当高。家用无绳电话或遥控器在数据传输速率上要求不高,但是通信距离比较远。

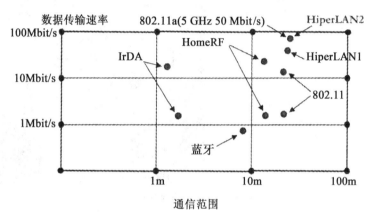

图 6-14 各种相关技术的通信范围与数据传输速率

6.5.3 从安全与应用谈起

蓝牙的高速和随时的跳频技术增加了窃听的难度,不过到底要多安全还是和应用有关。蓝牙规范所要实现的目标是一种方便稳定、有弹性、低功耗、低成本而且短距离的数据和语音通信,在应用上适用于很多场合,包括手机与 PSTN 经无线接入点的连接、手机与笔记本电脑的连接、笔记本电脑与局域网的连接、笔记本电脑之间的连接,以及各种设备与因特网之间的连接等。

有关蓝牙的资料可以到蓝牙网站(WWW. bluetooth. org)上寻找,图6-15 所示为蓝牙的网站首页,里面有相当丰富的信息。蓝牙是一种实用的科技,可以从实际的应用与产品来了解蓝牙技术与未来的发展。

图 6-15　蓝牙的网站首页

第7章 移动通信技术

远距离无线通信技术的代表是移动通信技术。移动通信已成为现代综合业务通信网中不可缺少的一环,它和卫星通信、光纤通信一起被列为三大新兴通信手段。目前,移动通信已从模拟技术发展到了数字技术阶段,并且正朝着个人通信这一更高阶段发展。

7.1 移动通信概述

7.1.1 移动通信的定义

移动通信(Mobile Communication)是指通信的一方或双方在移动中(或暂时停留在某一非预定的位置上)进行信息传输和交换的通信方式。它包括移动用户(车辆、船舶、飞机或行人)和移动用户之间的通信,移动用户和固定用户(固定无线电台或有线用户)之间的通信。按此定义,陆地移动通信、卫星移动通信、舰船通信、航空通信等都属于移动通信的范畴。自20世纪90年代以来,我国在移动通信领域有着巨大的进步。

由于移动通信采用无线通信方式,用户设备便于移动环境使用,因而具有机动、灵活、受空间限制少和实时性好等特点,因而在军事上和生产实践、社会生活中得到了广泛的应用,逐渐成为我们日常工作、生活不可或缺的部分。移动通信产业也成为最具活力、发展最为迅速的领域,是全球经济的重要增长点之一。

现代移动通信技术是一门复杂的高新技术,它不但集中了无线通信和有线通信的最新技术成就,而且集中了网络技术和计算机技术的许多成果,其技术仍在不断地演进中,朝着通信的最高目标——"5W"迈进。

7.1.2 移动通信的特点

与传统的固定通信相比,移动通信具有与之相同的通信业务,由于后者具有移动性,使得对移动通信的管理更加复杂。移动通信与固定通信相比还具有以下特点。

(1)移动通信利用无线电波进行信息传输,其电波传播环境复杂,传播条件十分恶劣,特别是陆上移动通信。

(2)干扰问题比较严重。

除一些常见的外部干扰,如天电干扰、汽车点火噪声、工业干扰和信道噪声外,移动通信系统内部,以及不同系统之间,还会产生这样或那样的干扰。

(3)移动通信可利用的频谱资源非常有限,而移动通信业务量的需求却与日俱增。

无线电频谱也是一种有限的自然资源。随着经济的发展,移动用户的剧增与频率资源有限的矛盾日趋尖锐。如何提高通信系统的通信容量,始终是移动通信发展中的焦点。

(4)移动通信系统的网络结构多种多样,系统交换控制、网络管理复杂,是多种技术的有机结合。

根据通信业务、对象、地域的不同需要,移动通信网络可以组成带状(如铁路、公路沿线)、面状(如覆盖一城市或地区)或立体状(如地面通信设施与中、低轨道卫星通信网络的综合)等形式;可以单网运行,也可以多网并行并实现互连互通。移动通信网络必须具备很强的管理和控制能力,诸如用户的登记与定位,以及用户过境切换和漫游的控制等。

(5)移动通信设备(主要是移动台)必须适于在移动环境中使用,其可靠性及工作条件要求较高。

移动台除应小型、轻便、低耗、价廉,操作、维修方便外,特殊情况下还应能在高低温、震动、尘土等恶劣的室外条件下稳定可靠地工作。

基于以上特点,使得移动通信领域充满了挑战和希望,成为当今通信界最热门的领域。

7.1.3 移动通信系统的组成

如图 7-1 所示,一个基本的移动通信系统,由移动台(Mobile Station,MS)、基站(Base Station,BS)、移动业务交换中心(Mobile Switching Center,MSC)构成,MSC 通过中继线与市话网(Public Switched Telephone Network,PSTN)相连接,从而完成与市话网终端的通信。

MS:移动台是指移动用户的终端设备,可以分为车载型、便携型和手持型。其中手持型俗称"手机"。它由移动用户控制,与基站间建立双向的无线电话电路并进行通话。

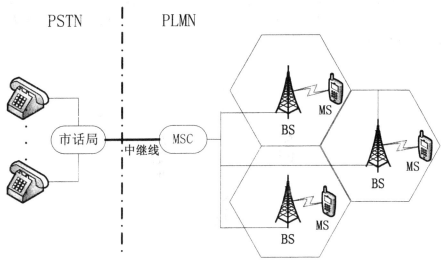

图 7-1　移动通信系统的组成

　　BS：基站是无线电台站的一种形式，是指在一定的无线电覆盖区中，通过移动通信交换中心，与移动电话终端之间进行信息传递的无线电收发电台。

　　MSC：移动业务交换中心是整个 PLMN 的核心，完成或参与网络子系统的全部功能。MSC 提供与基站的接口，同时支持一系列业务（电信业务、承载业务和补充业务）。MSC 支持位置登记、越区切换和自动漫游等其他网络功能。MSC 与 PSTN 连接，把移动用户与移动用户、移动用户和固定网用户互相连接起来。

　　PSTN：市话网是日常生活中常用的电话网，是一种以模拟技术为基础的电路交换网络。

　　中继线：是连接终端用户（如企事业单位、家庭）的交换机、集团电话（含具有交换功能的电话连接器）或普通电话等与电信运营商（网通、电信等）的市话交换机的电话线路。

7.1.4　移动通信的组网覆盖

7.1.4.1　组网制式

1. 大区制

大区制是指在一个服务区内只有一个基站，负责移动通信的联络和控制。

这种组网制式,要求基站天线架设得高一些,发射功率大一些。上行数据采用分集接收,同时在区域内所有的频率不能重复。如图 7-2 所示为大区制组网的示意图。

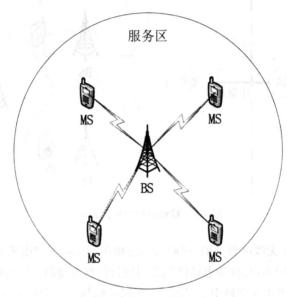

图 7-2　大区制组网的示意图

这种组网方式的容量比较小,也被称为集群移动通信。

2.小区制

小区制是将整个服务区划分为若干个小无线区,每个小无线区域分别设置一个基站,负责本区的移动通信的联络和控制。同时又可以在 MSC 的统一控制下,实现小区间移动通信的转接与公众电话网的联系。如图 7-3 所示为小区制组网的示意图。

这种组网方式的容量比较大,也被称为蜂窝移动通信,也是目前普遍采用的组网方式。

小区制的优点:同频复用距离减小,提高了频率利用率;移动台和基站的发射功率减小,同时也减小了相互干扰;小区范围可根据用户数灵活确定,容量增大;当小区内用户数增加到一定程度,可进行"小区分裂"。小区制的缺点:移动台切换概率增加,控制交换功能复杂,要求提高;基站数增加,建网成本提高。

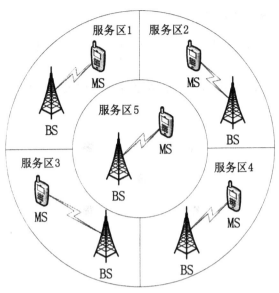

图 7-3　小区制组网的示意图

7.1.4.2　无线小区形状的选择

如果采用全向天线对平面服务区进行覆盖,用圆内接正多边形代替圆作为无线小区的形状,可以得到更好的无缝覆盖效果。

这类内接正多边形有正三角形、正方形和正六边形,如图 7-4 所示。可见正六边形是比较好的选择,也是现在移动通信网络的选择。

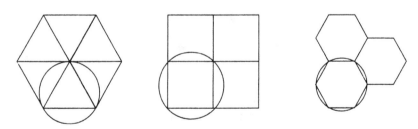

图 7-4　不同形状内接正多边形的对比

正六边形小区的中心间隔最大,各基站间的干扰最小;交叠区面积最小,同频干扰最小;交叠距离最小,便于实现跟踪交换;覆盖面积最大,对于同样大小的服务区域,采用正六边形构成小区制所需的小区数最少,即所需基站数少,最经济;所需的频率个数最少,频率利用率高。

7.1.4.3 激励方式

根据无线小区内信号激励的方式不同,天线的类型选择和安装位置也有不同。

如图 7-5 所示,采用全向天线,安装在小区中央,适用于中心激励方式。

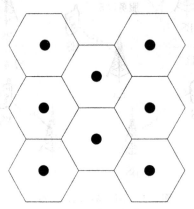

图 7-5 中心激励

如图 7-6 所示,采用定向天线,安装在小区顶点,适用于顶点激励方式。

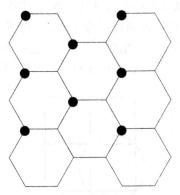

图 7-6 顶点激励

7.1.4.4 无线小区的划分

如果服务区内用户的密度比较均匀,那么在划分小区的时候,可以将小区划分成同样大小的小区,每个小区内分配同样的信道数量,这样的小区分配方案是理想的,负载相对均衡。但是在实际应用中,这样的情况是不可能出现的。

同时,地形地貌、建筑环境、通信容量、频谱利用率等都是小区划分时所要考虑的因素,所以在实际应用中,小区的划分是根据用户的密集程度再结合其他因素综合确定的。简单的划分方式,可以按照用户密集程度来进行。

(1)高密度用户小区。采用较小面积的无线小区,或者增加小区内的信道分配数量。

(2)低密度用户小区。采用较大面积的无线小区,或者减少小区内的信道分配数量。

(3)用户密度发生变化时。如果密度降低,小区内信道不需要做调整;如果密度增加,可以考虑增加小区内的信道数量;如果密度增加到一定程度,简单地增加信道数量无法满足需求时,可以采用小区分裂的方式。

小区分裂是在高用户密度地区,将小区面积划小,或将小区中的基站全向覆盖改为定向覆盖,使每个小区分配的频道数增多,满足话务量增大的需要的技术。

如图 7-7 所示为不同用户密度大小,小区划分的示例。图中周边的是低密度小区,中央的是高密度小区。低密度小区的用户数量少,高密度小区的用户数量多。

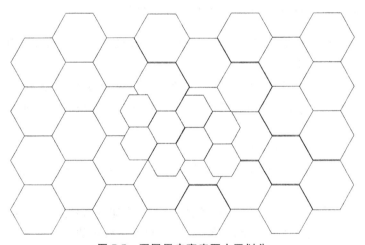

图 7-7　不同用户密度下小区划分

7.2　无线传播与移动信道

移动信道属于无线信道,它既不同于传统的固定式有线信道,也与一般具有可移动功能的无线接入的无线信道有所区别,它是移动的动态信道。

7.2.1 移动信道的特点

7.2.1.1 移动通信信道的三个主要特点

移动通信信道的三个主要特点如下：
(1)传播的开放性。
(2)接收地点地理环境的复杂性与多样性。
(3)通信用户的随机移动性。

7.2.1.2 移动通信信道中的电磁波传播

从移动信道中的电磁波传播上看，可分为直射波、反射波和绕射波。

另外，还有穿透建筑物的传播以及空气中离子受激后二次发射的漫反射产生的散射波……但是它们相对于直射波、反射波、绕射波都比较弱，所以从电磁波传播上看，直射波、反射波、绕射波是主要的。

7.2.1.3 接收信号中的三类损耗与四种效应

在上述移动信道的三个主要特点以及传播的三种主要类型作用下，接收点的信号将产生如下特点。

(1)具有三类不同层次的损耗：路径传播损耗、慢衰落损耗、快衰落损耗（快衰落损耗又可分为空间选择性快衰落、频率选择性快衰落与时间选择性快衰落）。

(2)四种主要效应如下：

·阴影效应：由大型建筑物和其他物体的阻挡，在电波传播的接收区域中产生传播半盲区。

·远近效应：通信系统中的非线性将进一步加重信号强弱的不平衡性，甚至出现了以强压弱的现象，并使弱者（即离基站较远的用户）产生掉话（通信中断）现象，通常称这一现象为远近效应。

·多径效应：由于接收者所处地理环境的复杂性，使得接收到的信号不仅有直射波的主径信号，还有从不同建筑物反射过来以及绕射过来的多条不同路径信号。各路径之间可能产生白干扰，称这类白干扰为多径干扰或多径效应。

·多普勒效应：它是由于接收用户处于高速移动中（比如车载通信）时传播频率的扩散而引起的，其扩散程度与用户运动速度成正比。

7.2.2　三类主要快衰落

7.2.2.1　空间选择性衰落

空间选择性衰落是指在不同的地点与空间位置,衰落特性不一样。空间选择性衰落原理可以用图 7-8 的直观图形表示。

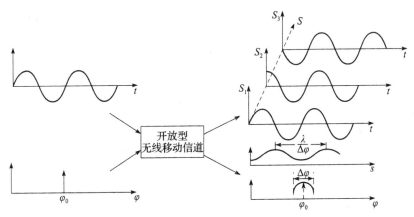

图 7-8　空间选择性衰落信道原理图

1.信道输入

射频:单频等幅载波。

角度域:在 φ_0 角上送入一个脉冲式的点波束。

2.信道输出

时空域:在不同接收点时域上衰落特性是不一样的,即同一时间、不同地点(空间),衰落起伏是不一样的,这样,从空域上看,其信号包络的起伏周期为 $\dfrac{\lambda}{\Delta\varphi}$。

角度域:在原来 φ_0 角度上的点波束产生了扩散,其扩散宽度为 $\Delta\varphi$。

3.结论

由于开放型的时变信道使天线的点波束产生了扩散而引起了空间选择性衰落,其衰落周期为 $\dfrac{\lambda}{\Delta\varphi}$,其中 λ 为波长。

空间选择性衰落,通常又称为平坦瑞利衰落。这里的平坦特性是指在时域、频域中不存在选择性衰落。

7.2.2.2　频率选择性衰落

所谓频率选择性衰落,是指在不同频段上,衰落特性不一样。其原理如图 7-9 所示。

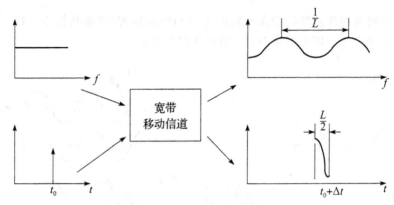

图 7-9　频率选择性衰落信道原理图

1. 信道输入

频域:白色等幅频谱。

时域:在 t_0 时刻输入一个脉冲。

2. 信道输出

频域:衰落起伏的有色谱。

时域:在瞬间,脉冲在时域产生了扩散,其扩散宽度为 $\frac{L}{2}$,其中 L 为绝对时延。

3. 结论

由于信道在时域的时延扩散,引起了在频域的频率选择性衰落,且其衰落周期为 $\frac{L}{2}$,即与时域中的时延扩散程度成正比。

7.2.2.3　时间选择性衰落

所谓时间选择性衰落,是指在不同的时间,衰落特性是不一样的。其原理如图 7-10 所示。

1. 信道输入

时域:单频等幅载波。

频域:在单一频率上单根谱线(脉冲)。

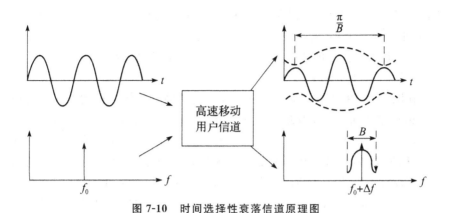

图 7-10　时间选择性衰落信道原理图

2.信道输出

时域:包络起伏不平。

频域:以 $f_0 + \Delta f$ 为中心产生频率扩散,其宽度为 B,其中 Δf 为绝对多普勒频移,为相对值。

3.结论

由于用户的高速移动在频域引起多普勒频移,在相应的时域其波形产生时间选择性衰落,其衰落周期为 $\frac{\pi}{B}$。

7.3　多载波与多天线技术

7.3.1　OFDM 技术

实际上,OFDM(Orthogonal Frequency Division Multiplexing,正交频分复用)技术是 MCM(Multi Carrier Nodulation,多载波调制)的一种。

OFDM 的基本原理是将高速的数据流分解为多路并行的低速数据流,在多个载波上同时进行传输。

7.3.1.1　时域上的 OFDM

OFDM 的"O"代表"正交",关于正交的定义如下。

设 $\rho = \dfrac{\displaystyle\int_0^T s_2(t) s_1(t)\,\mathrm{d}t}{\sqrt{E_{s1} E_{s2}}}$ 为信号的相关系数,其中 $s_1(t)$ 和 $s_2(t)$ 代表两种

不同的信号，E_{s1} 和 E_{s2} 分别为 $s_1(t)$ 和 $s_2(t)$ 的码元内能量。ρ 的取值在（-1，1）区间，当 $\rho = 0$ 时，称 $s_1(t)$ 和 $s_2(t)$ 正交。

首先说说最简单的情况，$\sin(t)$ 和 $\sin(2t)$ 是正交的，因为 $\sin(t) \cdot \sin(2t)$ 在区间 $[0, 2\pi]$ 上的积分为 0。

在图 7-11 中，在 $[0, 2\pi]$ 的时长内，采用最易懂的幅度调制方式传送信号：$\sin(t)$ 传送信号 a，因此发送 $a \cdot \sin(t)$；$\sin(2t)$ 传送信号 b，因此发送 $b \cdot \sin(2t)$。其中，$\sin(t)$ 和 $\sin(2t)$ 用来承载信号，是收发端预先规定好的信息，称为子载波；调制在子载波上的幅度信号 a 和 b，才是需要发送的信息。因此在信道中传送的信号为 $a \cdot \sin(t) + b \cdot \sin(2t)$（见图 7-12）。在接收端，分别对接收到的信号做关于 $\sin(t)$ 和 $\sin(2t)$ 的积分检测，就可以得到 a 和 b 了。

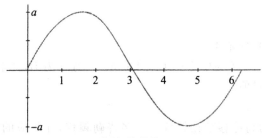

(a) 发送 a 信号的 $\sin(t)$

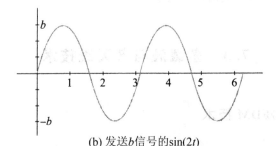

(b) 发送 b 信号的 $\sin(2t)$

图 7-11　正交信号 $\sin(t)$ 和 $\sin(2t)$

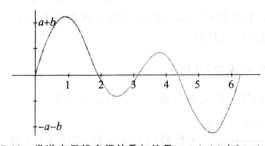

图 7-12　发送在无线空间的叠加信号 $a \cdot \sin(t) + b \cdot \sin(2t)$

接收信号乘 $\sin(t)$，积分解码出 a 信号，此时传送 b 信号的 $\sin(2t)$ 项，在积分后为 0，如图 7-13(a) 所示；接收信号乘 $\sin(2t)$，积分解码出 b 信号，此时传送 a 信号的 $\sin(t)$ 项，在积分后为 0，如图 7-13(b) 所示。

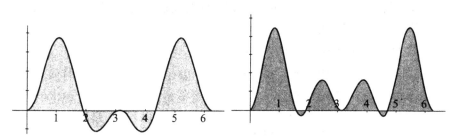

(a)接收信号乘$\sin(t)$，积分解码出a信号　(b)接收信号乘$\sin(2t)$，积分解码出b信号

图 7-13　接收信号作关于 $\sin(t)$ 和 $\sin(2t)$ 的积分检测

简单的 OFDM 调制、解调原理如图 7-14 所示。

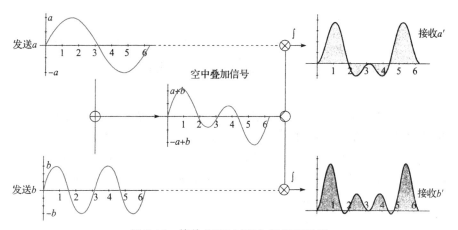

图 7-14　简单 OFDM 调制、解调原理图

将 $\sin(t)$ 和 $\sin(2t)$ 扩展到更多的子载波序列 $\{\sin(2\pi \cdot \Delta f \cdot t), \sin(2\pi \cdot \Delta f \cdot 2t), \sin(2\pi \cdot \Delta f \cdot 3t), \cdots, \sin(2\pi \cdot \Delta f \cdot kt)\}$（例如 $k = 16, 256, 1024$ 等），应该是很好理解的事情。其中，2π 是常量；Δf 是事先选好的载频间隔，也是常量；$1t, 2t, 3t, \cdots, kt$ 保证了正弦波序列的正交性。

容易证明，$\cos(t)$ 与 $\sin(t)$ 是正交的，也与整个 $\sin(kt)$ 的正交族相正交。同样，$\cos(kt)$ 也与整个 $\sin(kt)$ 的正交族相正交。因此发射序列扩展到 $\{\sin(2\pi \cdot \Delta f \cdot t), \sin(2\pi \cdot \Delta f \cdot 2t), \sin(2\pi \cdot \Delta f \cdot 3t), \cdots, \sin(2\pi \cdot \Delta f \cdot kt), \cos(2\pi \cdot \Delta f \cdot t), \cos(2\pi \cdot \Delta f \cdot 2t), \cos(2\pi \cdot \Delta f \cdot 3t), \cdots, \cos(2\pi \cdot \Delta f \cdot kt)\}$ 也就顺理成章了。

选好了 2 组正交序列 $\sin(kt)$ 和 $\cos(kt)$，这只是传输的"介质"。真正要传输的信息还需要调制在这些载波上，即 $\sin(t),\sin(2t),\cdots,\sin(kt)$ 分别幅度调制 $a_1,a_2,\cdots,a_k$ 信号，$\cos(t),\cos(2t),\cdots,\cos(kt)$ 分别幅度调制 b_1，$b_2,\cdots,b_k$ 信号。这 $2n$ 组互相正交的信号同时发送出去，在空间上会叠加出怎样的波形呢？做简单的加法如下：

$$
\begin{aligned}
f(t) = \ & a_1 \cdot \sin(2\pi \cdot \Delta f \cdot t) + \\
& a_2 \cdot \sin(2\pi \cdot \Delta f \cdot 2t) + \\
& a_3 \cdot \sin(2\pi \cdot \Delta f \cdot 3t) + \\
& \cdots \\
& a_k \cdot \sin(2\pi \cdot \Delta f \cdot kt) + \\
& b_1 \cdot \cos(2\pi \cdot \Delta f \cdot t) + \\
& b_2 \cdot \cos(2\pi \cdot \Delta f \cdot 2t) + \\
& b_3 \cdot \cos(2\pi \cdot \Delta f \cdot 3t) + \\
& \cdots \\
& b_k \cdot \cos(2\pi \cdot \Delta f \cdot kt) + \\
= \ & \sum a_k \cdot \sin(2\pi \cdot \Delta f \cdot kt) + \sum b_k \cdot \cos(2\pi \cdot \Delta f \cdot kt)
\end{aligned}
$$

为了方便进行数学处理，上式有复数表达形式如下：

$$
f(t) = \sum F_k \cdot e^{j2\pi \Delta f kt}
$$

以上表示 $f(t)$ 的两个公式实际上就是傅里叶级数公式。如果将 t 离散化，那么就是离散傅里叶变换。所以 OFDM 可以用 FFT 来实现。

一般 F 表示频率，f 表示时域，所以可以从以上公式中看出，每个子载波上面调制的幅度就是频域信息。从时域上面来看 OFDM，其实是相当简洁明快的，如图 7-15 所示。

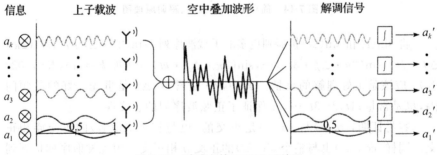

图 7-15　时域上的 OFDM 系统图

7.3.1.2　频域上的 OFDM

频分复用 FDM 是指把通信系统使用的总频带划分为若干个占用较小带宽的频道,这些频道在频域上互不重叠,每个频道就是一个通信信道,分配给一个用户使用,如图 7-16 所示。

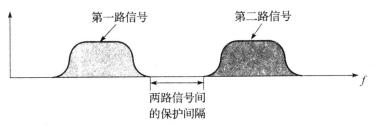

图 7-16　常规 FDM,两路信号频谱之间有间隔,互相不干扰

为了更好地利用系统带宽,子载波的间距可以尽量靠近些。靠得很近的 FDM,实际中考虑到硬件实现,解调第一路信号时,已经很难完全去除第二路信号的影响了,两路信号互相之间可能已经产生干扰了,如图 7-17 所示。

但是在 OFDM 中,子载波的间距近到完全等同于奈奎斯特带宽,使频带的利用率达到了理论上的最大值。

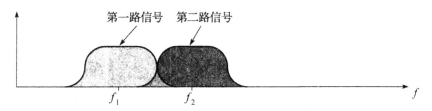

图 7-17　OFDM 中间隔频率互相正交,频谱虽然有重叠,
但是仍然是没有互相干扰

在时域上,对于波形的调制、叠加接收以及最终的解码(见图 7-16～图 7-20),其中每个步骤在频域上的表现如下。

$\sin(t)$ 是个单一的正弦波,代表着单一的频率,所以其频谱自然是一个冲激。不过这时的 $\sin(t)$ 并不是真正的 $\sin(t)$,而只是限定在 $[0,2\pi]$ 区间内的一小段。

对限制在 $[0,2\pi]$ 区间内的 $\sin(t)$ 信号,相当于无限长的 $\sin(t)$ 信号乘以一个 $[0,2\pi]$ 区间上的门信号,其频谱为两者频谱的卷积。$\sin(t)$ 的频谱为冲激,门信号的频谱为 sinc 信号(即 $\sin(x)/x$ 信号)。冲激信号卷积 sinc 信号,相当于对 sinc 信号的搬移。可以得出时域波形对应的频谱如图 7-18 所示。

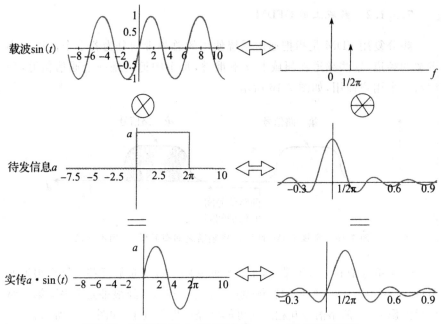

图 7-18　限定在 $[0,2\pi]$ 区间内的 $a \cdot \sin(t)$ 信号的频谱

$\sin(2t)$ 的频谱分析基本相同。相同的门函数保证了两个函数的频谱形状相同，只是频谱被搬移的位置变了，如图 7-19 所示。

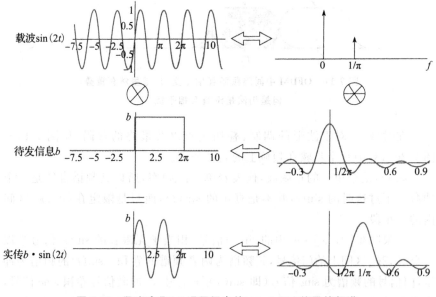

图 7-19　限定在 $[0,2\pi]$ 区间内的 $a \cdot \sin(2t)$ 信号的频谱

将 $\sin(t)$ 和 $\sin(2t)$ 所传信号的频谱叠加在一起,如图 7-20 所示。

图 7-20 和图 7-17 均是频域上两个正交子载波的频谱图,但并不太一样,这是基带信号在传输前,一般会通过脉冲成型滤波器而导致的。

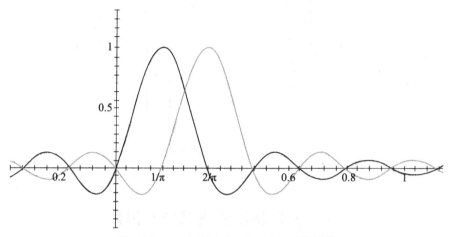

图 7-20 $a \cdot \sin(t) + b \cdot \sin(2t)$ 信号的频谱

7.3.2 多天线技术

如采用 2 或 4 天线来实现发射分集,或者采用多输入多输出(MIMO)技术来实现发射和接收分集。

要提高系统的吞吐量,一个很好的方法是提高信道的容量。MIMO 可以成倍地提高衰落信道的信道容量。假定发送天线数为 m、接收天线数为 n,在每个天线发送信号能够被分离的情况下,有如下信道容量公式:

$$C = m\log_2\left(\frac{n}{m} \times \mathrm{SNR}\right), n \geqslant m \tag{7-1}$$

式中,SNR 是每个接收天线的信噪比。

根据式(7-1),对于采用多天线阵发送和接收技术的系统,在理想情况下信道容量将随着 m 线性增加,从而提供了目前其他技术无法达到的容量潜力。其次,由于多天线阵发送和接收技术本质上是空间分集与时间分集技术的结合,因而有很好的抗干扰能力。

MIMO 是一种能够有效提高衰落信道容量的新技术。MIMO 在发射端和接收端分别使用多个发射天线和接收天线,信号通过发射端和接收端的多个天线传送和接收,从而改善每个用户的服务质量,如图 7-21 所示。MIMO 可以看成是双天线分集的扩展,但不同之处在于 MIMO 中有效使用了编码重用技术；用相同的信道编码和扰码调制多个不同的数据流。

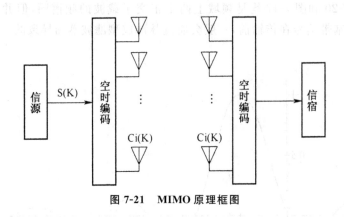

图 7-21　MIMO 原理框图

7.4　现代移动通信系统与网络

7.4.1　第二代移动通信技术

7.4.1.1　2G 网络通信技术发展历史

基于数字移动通信技术的第二代移动通信系统，始建于 20 世纪 80 年代。第二代数字蜂窝移动通信系统的典型代表是美国的 DAMPS 系统、IS-95 和欧洲的 GSM。

全球移动通信系统（Global System for Mobile Communication，GSM）发源于欧洲，使用 900MHz 频段，使用 TDMA 多址技术，支持 64kbit/s 的数据传输速率。

数字高级移动电话系统（Digital Advanced Mobile Phone System，DAMPS），也就是 IS-54，北美数字蜂窝网络，使用 800MHz 频段，使用 TDMA 多址技术。

IS-95 是另一种北美数字蜂窝网络，使用 800MHz 或者 1900MHz 频段，使用 CDMA 多址技术。

从 1996 年开始，为了解决中速度数据传输问题，出现了 2.5G 移动通信系统，就是 GPRS 和 IS-95B。

7.4.1.2 GSM 系统网络结构

欧洲各国为了建立全欧统一的数字蜂窝通信系统,在 1982 年成立了移动通信特别小组(GSM),提出了开发数字蜂窝通信系统的目标。GSM 系统的主要组成部分是移动台、基站子系统和网络子系统。如图 7-22 所示为GSM 通信系统的网络结构图。

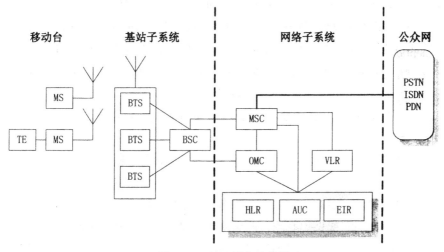

图 7-22   GSM 网络结构图

1. 移动台 MS

移动台是 GSM 移动通信系统中用户使用的设备,也是用户能够直接接触的整个 GSM 系统中的唯一设备。根据应用与服务情况,移动台可以是单独的移动终端、手持机、车载机,或者是由移动终端直接与终端设备(Terminal Equipment,TE)传真机相连接而构成,也可以是由移动终端通过相关终端适配器与终端设备相连接而构成。

2. 基站子系统

基站(BS)子系统是由基站收发信台(Base Transceiver Station,BTS)和基站控制器(Base Station Controller,BSC)这两部分功能实体构成。

BSC 是基站的控制部分,承担着各种接口以及无线资源、无线参数管理的任务。BSC 的组成,包括朝向与 MSC 相接的 A 接口或与码变换器相接的 Ater 接口的数字中继控制部分;朝向与 BTS 相接的 Abis 接口或 BS接口的 BTS 控制部分;以及公共处理部分(包括与操作维护中心相接的接口控制)。

　　BTS 是基站的无线部分,受 BSC 控制,完成 BSC 与无线信道之间的转换,实现 BTS 与移动台之间通过空中接口的无线传输及相关的控制功能,BTS 主要分为基带单元、载频单元、控制单元三大部分。

　　3. 网络子系统

　　网络子系统主要包含 GSM 系统的交换功能和用户数据与移动性管理、安全性管理所需的数据库功能,它对 GSM 移动用户之间的通信和 GSM 移动用户与其他通信网用户之间的通信起着管理作用。

　　网络子系统包含:移动业务交换中心(MSC)、访问用户位置寄存器(Visitor Location Register,VLR)、归属用户位置寄存器(Home Location Register,HLR)、鉴权中心(Authentication Center,AUC)、移动设备识别寄存器(Equipment Identity Register,EIR)。

　　其中,MSC 经中继线与公众网相连,负责移动通信网络与公众网络的互联互通。

　　4. GSM 网络接口

　　(1)主要接口。

　　•Um 接口:无线接口,即 MS 与 BTS 之间的接口,用于 MS 与 GSM 固定部分的互通,传递无线资源管理、移动性管理和接续管理等方面的信息。

　　•Abis 接口:BTS 与 BSC 之间的接口。该接口用于 BTS 与 BSC 的远端互联,支持所有向用户提供的服务,并支持对 BTS 无线设备的控制和无线频率的分配。

　　•A 接口:MSC 和 BSC 之间的接口。该接口传送有关移动呼叫处理、基站管理、移动台管理、信道管理等信息。

　　(2)网络子系统内部接口。

　　•B 接口:MSC 和 VLR 之间的接口。MSC 通过该接口向 VLR 传送漫游用户位置信息。并在建立呼叫时,向 VLR 查询漫游用户的有关用户数据。

　　•C 接口:MSC 和 HLR 之间的接口。MSC 通过该接口向 HLR 查询被叫移动台的路由选择信息,以确定接续路由,并在呼叫结束时,向 HLR 发送计费信息。

　　•D 接口:VLR 和 HLR 之间的接口。该接口用于两个登记器之间传送有关移动用户数据,以及更新移动台的位置信息和选路信息。

　　•E 接口:MSC 与 MSC 之间的接口。该接口主要用于局频道转接。使用户在通话过程中,从一个 MSC 的业务区进入到另一个 MSC 业务区时,通信不中断。另外该接口还传送局间信令。

·F 接口:MSC 和 EIR 之间的接口。MSC 通过该接口向 EIR 查核发出呼叫的移动台设备的合法性。

·G 接口:VLR 与 VLR 之间的接口。当移动台从一个 VLR 管辖区进入另一个 VLR 区域时,新老 VLR 通过该接口交换必要信息,仅用于数字移动通信系统。

·H 接口:HLR 与 AUC 之间的接口。HLR 通过该接口连接到 AUC 完成用户身份认证和鉴权。

7.4.1.3　GSM 2.5G 数据传输技术

1. GPRS

由于 GSM 系统只能进行电路域的数据交换,且最高传输速率为 9.6kbit/s,难以满足数据业务的需求。因此,欧洲电信标准委员会(ETSI)推出了通用分组无线服务技术(General Packet Radio Service,GPRS)。

GPRS 是在 GSM 系统基础上发展起来的,与 GSM 共用频段、共用基站并共享 GSM 系统与网络中的一些设备和设施。GPRS 拓宽了 GSM 业务的服务范围,在 GSM 原有电路交换的话音与数据业务的基础上,提供了一个平行的分组交换的数据与话音业务的网络平台。

GPRS 的主要功能是在移动蜂窝网中支持分组交换业务,按时隙(而不是占用整个通路)将无线资源分配给所需的移动用户,收费亦按占用时隙计算,故能为用户提供更为经济的低价格服务;利用分组传送实现快速接入、快速建立通信线路大大缩短用户呼叫建立时间,实现了几乎"永远在线"服务,并利用分组交换提高网络效率。

GPRS 不仅可应用于 GSM 系统,还可以用于其他基于 X.25 与 IP 的各类分组网络中,为无线因特网业务提供一个简单的网络平台,为第三代 3GPP WCDMA 提供了过渡性网络演进平台。

2. EDGE

增强型数据速率 GSM 演进技术(Enhanced Data Rate for GSM Evolution,EDGE)是一种从 GSM 到 3G 的过渡技术,它主要是在 GSM 系统中采用了一种新的调制方法,即最先进的多时隙操作和 8PSK 调制技术。EDGE 技术有效地提高了 GPRS 信道编码效率及其高速移动数据标准,它的最高速率可达 384kbit/s,在一定程度上节约了网络投资,可以充分满足未来无线多媒体应用的带宽需求。

7.4.2　第三代移动通信技术

7.4.2.1　3G 网络技术概述

第三代移动通信(3G),从概念的提出、标准的制订、设备的研制到系统投入运营,都是在日益增长的应用需求的推动下完成的,人们对于在移动通信中越来越高的需求,是第三代移动通信系统发展的主要动力,虽然第二代移动通信拥有较高的技术和市场,但它在传输速率和业务类型方面,还是有限的。

IMT-2000 原意为 International Mobile Telecommunications 工作于 2000MHz 频段,于 2000 年左右商用。

IMT-2000 的目标与要求如下:

(1)全球同一频段、统一体制标准、无缝隙覆盖、全球漫游。

(2)提供以下不同环境下的多媒体业务,车速环境 144kbps,步行环境 384kbps,室内环境 2Mbps。

(3)具有接近固定网络的业务服务质量。

(4)与现有移动通信系统相比,具有更高的视频利用率,可以很灵活地引入新业务。

(5)易于从第二代平滑过渡和演变。

(6)具有更高的保密性能。

(7)较低价格袖珍多媒体实用化手机。

1997 年 4 月,ITU 向各成员国征集 IMT-2000 的无线接口候选传输技术。这引发了长达近 4 年的 3G 技术标准之争和技术融合的进程。最终在 2001 年确定了 CDMA2000、WCDMA、TD-SCDMA 这三种主流 3G 技术标准,见表 7-1。

表 7-1　主流 3G 技术标准的主要技术性能

技术性能	WCDMA	TD-SCDMA	CDMA2000
载频间隔/MHz	5	1.6	1.25
码片速率/(Mc/s)	3.84	1.28	1.2288
帧长/ms	10	10(分为两个子帧)	20
基站同步	不需要	需要	需要,典型方法是 GPS

续表

技术性能	WCDMA	TD-SCDMA	CDMA2000
功率控制	快速功控：上、下行 1500Hz	0～200Hz	反向：800Hz 前向：慢速、快速功控
下行发射分集	支持	支持	支持
频率间切换	支持，可用压缩 模式进行测量	支持，可用空闲 时隙进行测量	支持
检测方式	相干解调	联合检测	相干解调
信道估计	公共导频	DwPCH、UpPCH、 中间码	前向、反向导频
编码方式	卷积码 Turbo 码	卷积码 Turbo 码	卷积码 Turbo 码

7.4.2.2　3G 网络关键技术

第三代移动通信系统采用了多种新技术，关键技术主要有下面几种。

1. 初始同步技术

CDMA 系统接收机的初始同步包括 PN 码同步、码元同步、帧同步、扰码同步等。CDMA2000 采用与 IS-95 系统相类似的初始同步技术。WCDMA 系统的初始同步分三步进行。

2. 信道编码和交织信道

编码和交织依赖于信道特性和业务需求。在 IMT-2000 中，在语音和低速率、对译码时延要求比较苛刻的数据链路中使用卷积码。

Turbo 码具有接近香农极限的纠错性能，在高速率（如 32kbit/s 以上）、对译码时延要求不高的数据链路中，使用 Turbo 码可以提供优异的纠错性能。

3. 多径分集接收技术

CDMA 通信系统采用宽带信号进行无线传输，接收端可以分离出多径信号，因而可以采用多径分集接收技术，即 Rake 接收机来完成接收过程，在很大程度上降低了多径衰落信道造成的不利影响。

4. 智能天线技术

智能天线可以成倍地扩展通信容量，和其他复用技术相结合，能够最大限度地利用有限的频谱资源。在移动通信中，时延扩散、瑞利衰落、多径、共信道干扰等，使通信质量受到严重影响。采用智能天线可以有效地解决这些问题。

天线技术是当前移动通信发展最有活力的技术领域之一。目前有以下几个趋势值得注意：

（1）对天线不断提出各种要求，如小体积、宽频带、多频段、高方向性及低副瓣等。

（2）新材料天线层出不穷，如陶瓷介质、超导天线等。

（3）新的天线形式，如金属介质多层结构、复合缝隙阵、各种阵列天线等不断涌现。

（4）随着电磁环境的日益恶化，将空分多址（SDMA）技术和 TDMA、CDMA、智能天线和软件无线电技术综合运用，可能是解决问题的良好出路。

5．软件无线电

软件无线电是近几年发展起来的技术，它基于现代信号处理理论，尽可能在靠近天线的部位（中频甚至射频）进行宽带 A/D 和 D/A 转换。无线通信部分把硬件作为基本平台，把尽可能多的无线通信功能用软件来实现。软件无线电为 3G 手机与基站的无线通信系统提供了一个开放的、模块化的系统结构，具有很好的通用性、灵活性，使系统互联和升级变得非常方便。由于软件处理的灵活性，使其在设计、测试和修改方面非常方便，而且容易实现不同系统之间的兼容。

3G 所要实现的主要目标是提供不同环境下的多媒体业务，实现全球无缝覆盖；适应多种业务环境；与 2G 兼容，并可从 2G 平滑升级。因而 3G 要求实现无线网与无线网的综合、移动网与固定网的综合、陆地网与卫星网的综合。

6．多用户检测和干扰消除技术

多用户检测的基本思想是把所有用户的信号都当作有用信号，而不是当作干扰信号。经过近 20 年的发展，CDMA 系统多址干扰抑制或多用户检测技术，已慢慢走向成熟及实用。

考虑到复杂度及成本等的原因，目前的多用户检测实用化研究，主要围绕基站进行。

7．功率控制技术

功率控制技术是 CDMA 系统的重要核心技术之一，常用的 CDMA 可以分为开环功率控制、闭环功率控制和外观工艺控制三种类型，在 WCD-MA 和 CDMA2000 系统中，上行信道使用了开环、闭环和外环功率控制技术，下行信道采用了闭环和外环功率技术。

7.4.3 第四代移动通信技术

7.4.3.1 4G 网络技术概述

第四代移动通信技术(4G)发展到今天,包括 TD-LTE 和 FDD-LTE 两种制式。

长期演进(Long Tem Evolution,LTE)是由第三代合作伙伴计划(The 3rd Generation Partnership Project,3GPP)组织制订的通用移动通信系统(Universal Mobile Telecommunications System,UMTS)技术标准的长期演进,于 2004 年 12 月在 3GPP 多伦多会议上正式立项并启动。如图 7-23 所示为 LTE 演进示意图。

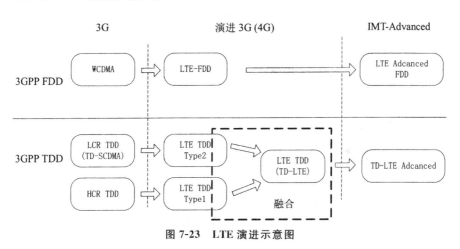

图 7-23 LTE 演进示意图

根据双工方式不同,LTE 系统分为 LTE-FDD(Frequency Division Duplexing)和 LTE-TDD(Time Division Duplexing),二者技术的主要区别在于空口的物理层上(如帧结构、时分设计、同步等)。如图 7-24 所示为 TDD 与 FDD 的双工模式对比。

7.4.3.2 4G 网络的关键技术

1. 接入方式和多址方案

OFDMA 是一种无线环境下的高速传输技术,优点是可以消除或减小信号波形间的干扰,对多径衰落和多普勒频移不敏感,提高了频谱利用率,可实现低成本的单波段接收机。OFDMA 的主要缺点是功率效率不高。

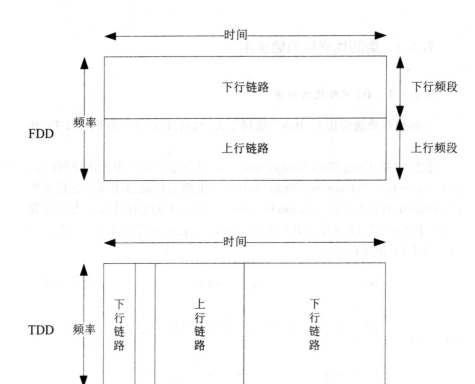

图 7-24　TDD 与 FDD 的双工模式对比

2. 调制与编码技术

4G 移动通信系统采用新的调制技术,如多载波正交频分复用调制技术以及单载波自适应均衡技术等调制方式,以保证频谱利用率和延长用户终端电池的寿命。4G 移动通信系统采用更高级的信道编码方案(如 Turbo 码、级联码和 LDPC 等)、自动重发请求(ARQ)技术和分集接收技术等,从而在低 Eb/N0 条件下保证系统足够的性能。

3. MIMO 技术

MIMO 技术是指利用多发射、多接收天线进行空间分集的技术,它采用的是分立式多天线,能够有效地将通信链路分解成为许多并行的子信道,从而大大提高容量。在功率带宽受限的无线信道中,MIMO 技术是实现高数据速率、提高系统容量、提高传输质量的空间分集技术。

4. 基于 IP 的核心网

移动通信系统的核心网是一个基于全 IP 的网络,同已有的移动网络相比具有根本性的优点,即可以实现不同网络间的无缝互联。核心网独立于各种具体的无线接入方案,能提供端到端的 IP 业务,能同已有的核心网和 PSTN 兼容。

7.4.4　第五代移动通信技术

7.4.4.1　5G 简介

5G 即第五代移动通信技术,也是 4G 的延伸。

5G 可提供超级容量的带宽,短距离传输速率是 10Gbps;高频段频谱资源将更多地应用于 5G;超高容量、超可靠性、随时随地可接入性,有望解决"流量风暴";在通信、智能性、资源利用率、无线覆盖性能、传输时延、系统安全和用户体验方面都比 4G 有了数以倍计的增加;全球 5G 技术有望共用一个标准;5G 是多种新型无线接入技术和现有无线接入技术集成后的解决方案的总称。

总的来说,5G 相比 4G 有着很大的优势:

在容量方面,5G 通信技术将比 4G 实现单位面积移动数据流量增长 1000 倍;在传输速率方面,典型用户数据速率提升 10～100 倍,峰值传输速率可达 10Gbps(4G 为 100Mbps),端到端时延缩短 5 倍;在可接入性方面:可联网设备的数量增加 10～100 倍;在可靠性方面,低功率 MMC(机器型设备)的电池续航时间增加 10 倍。

由此可见,5G 将在方方面面全面超越 4G,实现真正意义的融合性网络。

7.4.4.2　5G 的关键技术

1. 高频段传输

高频段在移动通信中的应用是未来的发展趋势,业界对此高度关注。足够量的可用带宽、小型化的天线和设备、较高的天线增益是高频段毫米波移动通信的主要优点,但也存在传输距离短、穿透和绕射能力差、容易受气候环境影响等缺点。射频器件、系统设计等方面的问题也有待进一步研究和解决。

2. 新型多天线传输技术

多天线技术经历了从无源到有源,从二维(2D)到三维(3D),从高阶MIMO 到大规模阵列的发展,将有望实现频谱效率提升数十倍甚至更高,是目前 5G 技术重要的研究方向之一。

目前研究人员正在针对大规模天线信道测量与建模、阵列设计与校准、导频信道、码本及反馈机制等问题进行研究,未来将支持更多的用户空分多址(SDMA),显著降低发射功率,实现绿色节能,提升覆盖能力。

3. 同时同频全双工技术

现有的无线通信系统中,由于技术条件的限制,不能实现同时同频的双向通信,双向链路都是通过时间或频率进行区分的,对应于 TDD 和 FDD 方式。由于不能进行同时、同频双向通信,理论上浪费了一半的无线资源(频率和时间)。

最近几年,同时同频全双工技术吸引了业界的注意力。利用该技术,在相同的频谱上,通信的收发双方同时发射和接收信号,与传统的 TDD 和 FDD 双工方式相比,从理论上可使空口频谱效率提高 1 倍。

4. D2D 技术

Device-to-Device(D2D)通信是一种在系统的控制下,允许终端之间通过复用小区资源直接进行通信的新型技术,它能够增加蜂窝通信系统频谱效率,降低终端发射功率,在一定程度上解决无线通信系统频谱资源匮乏的问题。

目前,D2D 采用广播、组播和单播技术方案,未来将发展其增强技术,包括基于 D2D 的中继技术、多天线技术和联合编码技术等。

5. 密集和超密集组网技术

在未来的 5G 通信中,无线通信网络正朝着网络多元化、宽带化、综合化、智能化的方向演进。随着各种智能终端的普及,数据流量将出现井喷式的增长。未来数据业务将主要分布在室内和热点地区,这使得超密集网络成为实现未来 5G 的 1000 倍流量需求的主要手段之一。超密集网络能够改善网络覆盖,大幅度提升系统容量,并且对业务进行分流,具有更灵活的网络部署和更高效的频率复用。

6. 新型网络架构

目前,LTE 接入网采用网络扁平化架构,减小了系统时延,降低了建网成本和维护成本。未来 5G 可能采用 C-RAN 接入网架构。C-RAN 是基于集中化处理、协作式无线电和实时云计算构架的绿色无线接入网构架。

第8章 其他无线通信技术

本章主要介绍了 NFC 技术、红外技术、超宽带技术以及 GPRS 技术的基本概念、技术特点以及具体应用等。

8.1 NFC 技术

近距离无线通信（Near-Field Communication，NFC）技术翻译成"近场通信"，作为一种新的短距离非接触式通信技术，它结合了非接触式识别及无线传输技术，可以满足任何两个无线设备间的信息交换、内容访问、服务交换等。未来越来越多的手机会内置 NFC 芯片，从而在商店感应消费、储值或感应门卡等，都能派上用场。

NFC 技术和 RFID 技术类似，其实 NFC 技术可以看成是 RFID 技术的一种，将通信距离缩小到 4in 以内，也就是差不多 10cm 以内。这与安全性有很大关系，因为对于支付或验证（例如护照、门禁）方面的应用来说，我们不希望无线信号被别人截取，一旦通信距离缩短就可以大幅降低这样的可能性。

NFC 最初是由索尼公司和飞利浦公司提出的，并在 2003 年 12 月 8 日通过 ISO/IEC 机构的审核而成为国际标准，在 2004 年 3 月 18 日由 ECMA 认定成为欧洲标准。目前它不仅符合 ISO 18092、ISO 21481、ECMA（340，352 以及 356）和 ETSI TS 102190 标准，而且与采用 ISO 14443A、ISO 14443B 标准广泛应用的非接触智能卡基础设备兼容，如 NXP 的 Mifare 技术和索尼的 Felica 技术。

目前 NFC 技术在我国发展遇到的主要问题有两个方面：

（1）用户需要更换具有 NFC 功能的终端，会带来不便；同时基于 NFC 技术的定制终端较少。

（2）NFC 应用模块及天线完全集成在手机上，SIM/UIM 卡不能控制业务逻辑，对于运营商控制产业链十分不利。

8.1.1 技术特点

NFC 工作在 13.56MHz 频带,传输距离约为 10cm,传输速率可支持 106kbit/s、212kbit/s、424kbit/s 和 848kbit/s。

NFC 通信通常在发起设备(Initiator)和目标设备(Targer)之间发生,任何的 NFC 装置都可以作为发起设备或目标设备。两者之间通过交流磁场方式相互耦合,并以 ASK 或 FSK 方式进行载波调制,传输信号。发起设备产生无线射频磁场完成初始化通信(调制方式、编码、传输速度及帧格式等),目标设备则响应发起设备所发出的命令,并选择由发起设备所发出的或是自行产生的无线射频磁场进行通信。NFC 通信方式支持主动模式和被动模式两种。

8.1.1.1 主动模式

如图 8-1 所示,在主动模式下,发起设备和目标设备分别使用自行产生的无线射频磁场进行通信,此为点对点通信的标准模式,可以获得非常快速的连接设置。

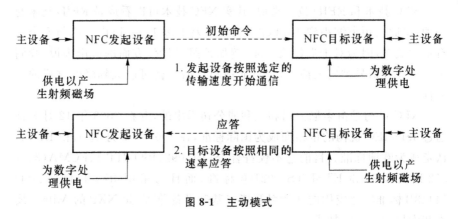

图 8-1 主动模式

8.1.1.2 被动模式

如图 8-2 所示,在被动模式下,发起设备一直产生无线射频磁场,目标设备不必产生射频磁场,利用感应电动势提供工作所需的电源,使用负载调制(Load Modulation)技术以相同的速率将数据传回到发起设备。

为了实现不同场景下的应用需求,NFC 支持卡模拟模式、读写器模式、点到点模式三种操作模式。

图 8-2　被动模式

1.卡模拟模式

该模式下,主要是将 NFC 功能芯片及天线集成在移动终端上,用于非接触移动支付。在实际应用中,手机相当于一张非接触式卡片,用户只需要将手机靠近读卡器,由读卡器完成数据采集,然后通过无线收发功能将数据送到应用处理系统进行处理。该模式下的典型应用为本地支付及电子票应用。

2.读写器模式

该模式下,NFC 设备作为非接触读卡器使用,比如从电子海报或展览信息电子标签上读取相关的信息。

3.点到点模式

该模式下,两个具备 NFC 功能的设备能实现数据的点对点传输,如图片交换、多媒体下载等。

8.1.2　国内外标准状况

NFC 技术涵盖的国际标准主要有以下几种。

8.1.2.1　空中接口协议标准

ISO/IEC 18092（NFCIP-1）、ISO/IEC 21481（NFCIP-2）、ISO/IEC 14443,同时兼容 NXP 的 Mifare 和索尼的 Felica 标准。

（1）ISO/IEC 18092 标准规定了 NFC 接口和协议（NFCIP-1）,定义耦合装置在 13.56MHz 下工作,制定了主、被动两种通信模式。

（2）ISO/IEC 21481 标准制定了一种灵活的网络选择机制,用来检测和选择 NFC 支持的三种操作模式:NFC 数据传输速度、邻近耦合设备（PCD）和接近耦合设备（VCD）。

（3）ISO/IEC 14443 标准定义了卡与读卡器之间的通信标准及传输协定,用来建立各非接触式智能卡的互通性,该标准分为物理特性、电器特性、卡片状态转换规范和数据交互规范四个部分。

8.1.2.2　测试方法标准

NFC 主要的测试方法标准有 ISO/IEC 22536（NFCIP-1 RF 接口测试方法）和 ISO/IEC 23917（NFC 协议测试方法）。

8.1.2.3　NFC 论坛

NFC 论坛是 NFC 技术的宣传及推动者，是目前在此领域最有影响力的组织，由诺基亚、飞利浦和索尼于 2004 年成立的非赢利性行业协会，它致力于推动 NFC 技术的推广应用。该论坛目前拥有成员已经超过 150 名，包括诺基亚、万事达、Visa、三星、微软等，涵盖了制造商、应用服务开发商、金融服务机构。

该论坛旨在制定 NFC 相关标准和规范，完成 NFC 设备和协议的标准体系结构及交互参数的定义；推动开发基于 NFC 论坛规范的相关应用产品；确保声明支持 NFC 功能的产品符合 NFC 论坛规范；向全球企业及消费者宣传 NFC 技术。

NFC 论坛目前制定的标准主要有以下几种：

（1）Digital Protocol Specifications。该部分主要定义了 NFC 设备的通信标准及接口协议等，对应的标准规范为 ISO 18092 和 ISO 14443 中相应的部分。

（2）NFC Activities Specifications。该部分定义了基于特定数字协议下的行为规范准则，例如轮询周期、碰撞检测机制等。

（3）NFC Forum Type 1,2,3,4 Tag Operation Specifications。它们定义了在不同标签类型下，NFC 设备的工作方式。

（4）NDEF（Data Exchange Format）Specifications。该部分定义了面向 NFC 论坛兼容设备和标签的通用数据格式。

（5）Record Type Definition（RTD）。NFC 记录类型定义（RTD），指定了 NFC 论坛兼容设备之间以及 NFC 论坛兼容设备和标签之间信息使用的标准记录类型，目前论坛针对该部分的标准为：

- NFC Record Type Definition（RTD）Technical Specification；
- NFC Text RTD Technical Specification：用于记录包含普通文本；
- NFC URI RTD Technical Specification：用于记录涉及网络资源；
- NFC Smart Poster RTD Technical Specification：用于集成包含文字、音频或其他类型数据的嵌入式标签；
- NFC Generic Control RTD Technical Specification；
- Logical Link Control Protocol（LLCP）Technical Specification：定义

了不同应用类型下的传输协议及接口。

在国内,中国通信标准化协会(CCSA)泛在网工作组一直在跟进 NFC技术的演进和发展,未来也会制定相应的行业标准。

8.1.3　技术的应用

移动支付是 NFC 技术的主要应用,现在人们已经很习惯使用智能卡了,包括悠游卡、保健卡、信用卡等,虽然比从前方便多了,但是不同的用途使用不同的卡,还是有不方便的地方。假如手机本身有 NFC 的功能,等于是一机在手,各种服务和应用都随手可得,不过主要还是因为随身携带手机的人越来越多。

具有 NFC 功能的设备之间可以交换数据,未来消费类电子设备上会加Z. NFC 的功能,移动电话、数码相机、MP3、数字电视等设备只要在近距离内,都可以传送数据,例如传送联系人信息、一张照片、一段音乐或一段分享的视频。目前这些设备之间多半是通过 USB、IEEE 1394 等接口或网络来交换数据。

海报上也可以制作一些与 NFC 芯片通信的图标,让具有 NFC 功能的手机自动从海报上获取各种信息。对于门禁来说,也可以通过 NFC 来进行验证,就像门卡一样使用。

8.2　红外技术

8.2.1　红外技术的概念

红外技术(Infrared Technique)顾名思义就是红外辐射技术。红外辐射习惯上称为红外线,也称为热辐射。红外线的频率为 $1012\sim1015\,Hz$,是光通信的代表,当然也是一种电磁波。红外线无法穿墙而过,通信路径上不能有障碍物,而且红外线有方向性,所以必须对着接收点来操作(例如电视遥控器)。

红外线的通信距离也比较短,常用于一般的遥控设备或计算机间的点对点连接,WPAN 也可以通过红外线的技术来建立,也有以红外线建立无线局域网的例子。在安全性方面,红外线比较没有安全上的顾虑。表 8-1列出了红外线与一般无线电通信特性上的比较。

表 8-1　红外线与一般无线电通信的比较

红外线（IR）	无线电通信（RF）
无法穿墙	可穿墙，室内可达 30～50m 的范围
在每个房间都需要一个连接有线网络的无线接入点	同一楼层一般只需要一个无线接入点
无法有效地支持移动性	无线接入点少，支持移动性
无线接入点多半设在天花板上	无线接入点可以放在橱柜中
便携设备上无外接天线	有天线，大小与频率成反比
安全性的问题少	长距离传输有安全问题
频率复用率高，干扰少	频率复用率低，干扰程度较高
不需要进行频率分配与指定	需要进行频道的指定与分配
频段不受管制	频段受管制
不受 EMI 干扰	容易受 EMI 干扰
收发器便宜	收发器昂贵

8.2.1.1　光电设备

红外线信号的发射与接收需要光电设备（Optoelectronic Devices）来进行，例如激光二极管（Laser Diode，LD）或发光二极管（Light Emitting Diode，LED）。在设计上一般会考虑光电设备是否会给人类眼睛造成危害，接收端必须能够把接收到的光能量转变成电子信号。

8.2.1.2　频道特性

红外线频道也会有损耗（Impairment）现象，从而限制数据传输速率与通信覆盖的范围。红外线设备的移动速度、频道的多路径与周围的光源都会影响红外线频道的损耗情况。

8.2.1.3　调制技术

调制（Modulation）技术的选择通常视使用的情况而定，光学式的调制（Optical Modulation）分成两个阶段来进行。首先，数据信号调制载波频率的信号，产生的信号再用来调制发出的光（Optical Light）。若使用光强调制（Intensity Modulation），则发出的光的振幅与输入的电压成正比。若使用波长调制(Wavelength Modulation),则信息隐含在不同波长的光的振幅中。

8.2.1.4　介质访问协议

一般无线电频道的访问协议可以运用到红外线的通信中,例如 CSMA 与 TDMA。红外通信发生交接(Handover)的概率很大,因为通信范围比较小。由于红外线无法穿墙,因此只要隔一道墙就能使用相同的频率而不发生干扰。

8.2.1.5　标准化的进展

与红外线相关的标准很多,红外数据协会(Infrared Data Association, IrDA)是由数百家运营商组成的国际性组织,推广红外通信的标准化。第一版的标准 IrDA 1.0 于 1994 年发布。开始的时候,红外通信的主要目标是替代串行线(Serial Cable),因此标准的重心在于数据的传输。IrDA 1.1 可以支持达到 1.152Mbps 与 4Mbps 的数据传输速率,同时维持低功率的使用状态。

8.2.2　红外技术的特点

红外通信标准 IrDA 旨在建立通用的、低功率电源的、半双工红外串行数据互联标准、支持近距离、点到点、设备适应性广的用户模式。建立 IrDA 标准是在各种设备之间较容易地进行低成本红外通信的关键。

红外通信标准 IrDA 是目前 IT 和通信业普遍支持的近距离无线数据传输规范。红外通信的实质就是对二进制数字信号进行调制与解调,以便利用红外信道进行传输;红外通信接口就是针对红外信道的调制/解调器。IrDA 在技术上的主要优点如下:

(1)通过数据电脉冲和红外光脉冲之间的相互转换实现无线的数据收发。

(2)主要是用来取代点对点的线缆连接。

(3)新的通信标准兼容早期的通信标准。

(4)小角度(30°以内),短距离,点对点直线数据传输,保密性强。

(5)传输速率较高,4Mbit/s 速率的 FIR 技术已被广泛使用,16Mbit/s 速率的 VFIR 技术已经发布。

(6)不透光材料的阻隔性,可分隔性,限定物理使用性,方便集群使用。

(7)无频道资源占用性,安全特性高。红外线利用光传输数据的这一特点确定了它不存在无线频道资源的占用性,且安全性特别高。在限定的空间内进行数据窃听不是一件容易的事。

(8)优秀的互换性、通用性。因为采用了光传输,且限定物理使用空间。红外线发射和接收设备在同一频率的条件下可以相互使用。

(9)无有害辐射,绿色产品特性。科学实验证明,红外线是一种对人体有益的光谱,所以红外线产品是一种真正的绿色产品。

当然,IrDA 也有其不尽如人意的地方,具体如下:

(1)IrDA 是一种视距传输技术,也就是说两个具有 IrDA 端口的设备之间如果传输数据,中间就不能有阻挡物,这在两个设备之间是容易实现的,但在多个电子设备间就必须彼此调整位置和角度等。

(2)IrDA 设备中的核心部件——红外线 LED 不是一种十分耐用的器件,对于不经常使用的扫描仪、数码相机等设备虽然游刃有余,但如果经常用装配 IrDA 端口的手机上网,可能很快就不堪重负了。

(3)IrDA 点对点的传输连接方式,无法灵活地组成网络。

8.2.3 红外通信的基本原理

红外通信与无线数据通信一样,不同的是传输介质由无线电波换为红外线。通信系统由发射器部分、信道部分和接收器部分组成。发射器部分包括红外发射器和编码控制器,接收部分包括红外探测器和解码控制器。由于红外通信系统一般采用双向通信方式,所以在红外通信系统中把红外发射器与红外探测器合为一个红外收发器。与之对应,编码控制器和解码控制器合为红外编/解码控制器,简称为红外控制器。信道部分是指红外通信中光线传输的方式。因此,红外通信系统即由红外收发器、红外控制器和信道组成,如图 8-3 所示。

图 8-3 红外通信系统结构

基带数据信号首先由红外控制器按一定的方式进行编码,然后由控制器控制红外收发器产生编码红外脉冲。接收时,红外收发器检测红外信号并传输给控制器进行解码转换,最后输出数字基带信号。

由于红外通信系统是靠红外线来传输数据的,所以根据红外线的传输路径及红外收发器的位置可将红外通信方式分为四类,即窄视方式(Narrow Line of Sight，NLOS)、宽视方式(Wide LOS，WLOS)、散射方式(Diffuse)、跟踪方式(Tracked)，如图 8-4 所示。以上四种方式中，相同的通信距离下发射光强由弱到强排列顺序为：散射方式、宽视方式、窄视方式或跟踪方式。根据接收红外信号方式的不同，红外通信还可以分为直射方式和反射方式，如图 8-5 所示。

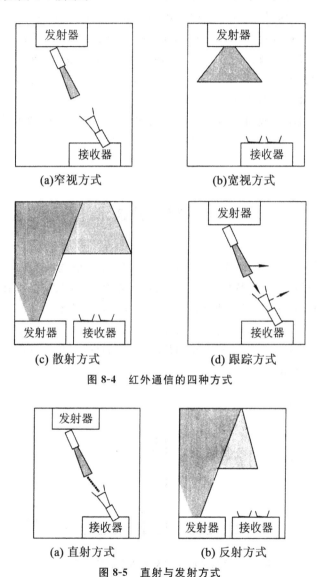

(a)窄视方式　　　　(b)宽视方式

(c) 散射方式　　　　(d) 跟踪方式

图 8-4　红外通信的四种方式

(a) 直射方式　　　　(b) 反射方式

图 8-5　直射与发射方式

红外通信根据通信速率的不同可分为：低速模式(Serial Infrared，

SIR），通信速率小于 115.2kbit/s；中速模式（Medium Speed Infrared，MIR），通信速率为 0.567～1.152Mbit/s；高速模式（Fast Speed Infrared，FIR），通信速率为 4Mbit/s；超高速模式（Very Fast Speedinfrared，VFIR），通信速率为 16Mbit/s。

红外收发器实现了红外脉冲信号的产生和探测，它需要满足规范要求和合适的通信光波长。红外发射管由不同比率的混合物制造而成，这里的混合物由 Al、Ga、In 三种元素和 P、As 混合而成。采用这些混合物制造的红外发射管的发射波长为 800～1000nm。红外探测器中一般带有 GaAs 或 InP 的带通滤波器，能够在一定程度上消除其他波长光线的影响。半球形滤波器比平面滤波器的接收能量提高 3dB。

红外控制器完成对信号的数字编码和解码。根据红外数据传输速度的不同，可对红外通信协议进行不同的编码，编码方式依据红外通信协议的标准来确定。

8.3　超宽带技术

超宽带（Ultra-Wide Band，UWB）技术是利用超宽频带的电波进行高速无线通信的技术。UWB 技术不仅可以缓解传统的无线技术在工业环境的通信质量下降问题，而且增加了带宽，解决了传统无线技术不能适应工业网络化控制系统向多媒体信息传输及监测、控制、故障诊断等多功能一体化方向发展的要求。由图 8-6 可见，UWB 信号的发射功率谱密度比窄带信号、宽带信号都低。

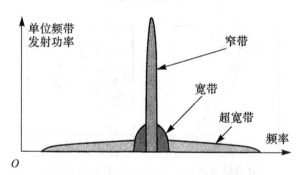

图 8-6　超宽带信号的发射功率谱密度示意图

8.3.1 UWB 无线传输系统的基本模型

UWB 无线传输系统的基本模型如图 8-7 所示。总体来看,UWB 系统主要包括发射部分、无线信道和接收部分,与传统的无线发射和接收机结构比较来看,UWB 系统的发射部分和接收部分结构较简单,更加便于实现。对于脉冲发生器而言,其达到发射要求仅需产生 100mV 左右的电压即可,也就是说,并不需要在发生器端安装功率放大器,而仅需要有满足带宽要求的极窄脉冲即可。对于接收端而言,需要经过低噪声放大器,匹配滤波器和相关接收机来处理收集的信号。

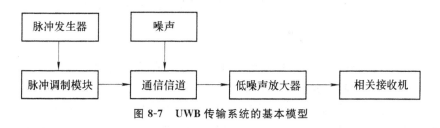

图 8-7 UWB 传输系统的基本模型

8.3.2 UWB 的研究现状

UWB 在 10m 以内的范围实现无线传输,是应用于无线个域网(WPAN)的一种近距离无线通信技术。在 UWB 物理层技术实现中,存在两种主流的技术方案:基于正交频分复用(OFDM)技术的多频带 OFDM(MB-OFDM)方案、基于 CDMA 技术的直接序列 CDMA(DS-CDMA)方案。

UWB 的 MAC 层协议支持分布式网络拓扑结构和资源管理,不需要中心控制器,即支持 Ad-Hoc 或 Mesh 组网,支持同步和异步业务、支持低成本的设备实现以及多个等级的节电模式。协议规定网络以微微网为基本单元,其中的主设备被称为微微网协调者(PNC)。PNC 负责提供同步时钟、QoS 控制、省电模式和接入控制。作为一个 Ad-Hoc 网络,微微网只有在需要通信时才存在,通信结束,网络也随之消失。网内的其他设备为从设备。WPAN 网络的数据交换在 WPAN 设备之间直接进行,但网络的控制信息由 PNC 发出。

8.3.3 UWB 的关键技术

在 UWB 技术带来很大便利的同时,又向人们提出了更大的挑战。

UWB 技术与正在使用的其他通信系统的工作频段相同,这就需要人们研究它们之间的相互干扰。为了扩大 UWB 技术的应用范围,应从以下关键技术着手进行改善。

8.3.3.1 规则与标准

作为一项新型的技术,需要对 UWB 系统制定相关规则与标准,从而确保 UWB 系统与其他运行系统间以及不同 UWB 产品间的兼容性。要想使 UWB 技术得到广泛应用,必须制定出一套行之有效的物理层(PHY)和媒体接入控制(MAC)协议标准。将 UWB 与 Ad-Hoc 网络两者结合起来,能够扩大 UWB 系统的容量,需要注意的是,为了便于各移动节点的接入和产品间的兼容性,也需要对 Ad-Hoc 网络的管理层制定相应的标准。

8.3.3.2 信号的选择

UWB 具有两种信号,即跳时(TH)信号和直接序列(DS)信号。TH-UWB 信号应用瞬时开关技术形成短脉冲或者少数几个过零点的波形,从而将能量传输至较宽的频域范围。脉冲的传输需要依靠专用宽带天线,其发射速率达每秒几十至几百兆赫,其以随机或伪随机的方式分布。将上述脉冲采取时间编码即可完成多址通信。DS-UWB 信号形成了高占空比宽带脉冲,其发射速率为 Gbit/s。形成的脉冲以每数百 Mbit/s 的速率对数据进行编码,从而实现较高的数据传输速率。

8.3.3.3 超宽带脉冲信号设计

超宽带无线通信系统中的信息载体为脉冲无线电,它是一种占空比很小的窄脉冲(纳秒级宽度)。典型的脉冲波形有高斯脉冲、基于正弦波的窄脉冲、Hemite 多项式脉冲等。目前脉冲源的产生可采用集成电路或现有半导体器件实现,也可采用光导开关的高开关速率特性实现。

8.3.3.4 抗干扰技术

在实现 UWB 的过程中应用了频谱重叠技术,这会对运行的同频系统造成一定的干扰。UWB 的发射功率并不高,但也具有较高的瞬时峰值功率,故应对其进行合理的优化,来降低对同频通信系统的影响,可以使用自适应功率控制、占空比优化等方式。

8.3.3.5 调制、接收技术

UWB 用于军事领域时,并不注重大容量、多用户的问题。而将其用于商业领域时,主要解决的问题正是大容量、多用户的问题。考虑到 UWB 信道的时域特殊性,为了提高用户容量,应采用更为合适的调制技术和编码方法。

UWB 信号具有较宽的信号范围和频率弥散效应。不论是低端信号,还是高端信号都具有不同程度的失真、频散及损耗。除此以外,高速器件具有比低速器件更高的成本。为了有效解决上述问题,应利用信道分割技术。应用此技术还能减少与无线 LAN 使用的 5GHz 频带的干扰,通过在不同区域分配不同波段,来提高信号的传输效率。

8.3.3.6 超宽带信道模型

与常规无线宽带接入系统设计一样,在短距离高速无线超宽带接入系统实现过程中,必须充分了解超宽带信号的传播信道特性,建立便于进行理论分析和仿真的信道模型。IEEE 802 委员会关于超宽带的信道模型提案主要有:Intel 模型、Win-Cassioli 模型、Ghassemzadeh-Greenstein 模型和 Pendergrass-Beeler 模型。除了 Intel 模型外,其他模型采用的基带脉冲宽度都不能提供足够的空间或者时间分辨力,因此不能准确描述超宽带系统的多径衰落特征。

8.3.3.7 天线设计

超宽带信号占据带宽很大,直接发射基带脉冲,需要对设备功耗和信号辐射功率谱密度提出严格要求,这使得超宽带通信系统的收发天线设计面临巨大挑战。以多天线理论为基础的 MIMO 技术是未来无线通信采用的主要技术之一,考虑到超宽带的技术特点,将二者结合也是极具吸引力的研究方向。利用 MIMO-UWB 的优势,可以提高超宽带系统容量和增大通信覆盖范围,并能满足高数据速率和更高通信质量的要求。

8.3.3.8 集成电路的开发

UWB 系统具有高于窄带系统几十倍的带宽,其对 UWB 宽带集成电路和高速非线性器件的影响较大,从而对 UWB 技术进一步的发展和应用造成直接影响。

8.4 GPRS 技术

GPRS 通用无线分组业务,是一种基于 GSM 系统的无线分组交换技术,可提供端到端、广域的无线 IP 连接。它通过利用 GSM 网络中未使用的 TDMA 信道,提供中速的数据传递。

8.4.1 概述

早期的固定电话网采用固定线路的通信方式,独占一条固定信道,其示意图如图 8-8 所示。

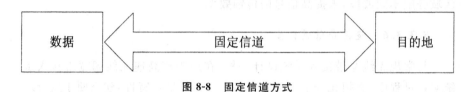

图 8-8　固定信道方式

GPRS(General Packet Radio Service)是 GSM Phase2.1 规范实现的内容之一,GPRS 是在 GSM 技术基础上提供的一种端到端的分组交换业务,最大限度利用已有的 GSM 网络,提供高效的无线资源利用率,GPRS 系统基于标准的开放接口。它的目标是提供高达 115.2kbit/s 速率的分组数据业务。GPRS 动态地占用无线资源,多个用户可共享同一条无线链路,大大地提高了信道利用率;同时 GPRS 采用按数据流量计费的方式,使其资费更合理。

GPRS 是 3GPP 移动网络从第二代 GSM 移动通信系统向第三代 WC-DMA 移动通信系统演进的第一步,具有如下意义:

(1)在 GSM 网络中引入了分组交换能力。

(2)将数据率提高到 100kbit/s 以上。

在移动通信领域,由于数据业务在绝大多数情况下都表现出一种突发性的业务特点,对信道带宽的需求变化较大,因此采用分组方式进行数据传送将能够更好地利用信道资源。

GPRS 不采用固定信道的电路交换方式,而采用分组交换的通信方式。在分组交换的通信方式中,数据被分成一定长度的包(分组),每个包的前面有一个分组头(其中的地址标志指明该分组发往何处)。分组交换的示意图如图 8-9 所示。

这种分组交换的通信方式,在数据传送之前并不需要预先分配信道,建立连接,只需在每一个数据包到达时,根据数据报头中的信息(如目的地址),临时寻找一个可用的信道资源将该数据报发送出去。因此,数据的发送方和接收方同信道之间没有固定的占用关系,信道资源可以看作由所有的用户共享使用。

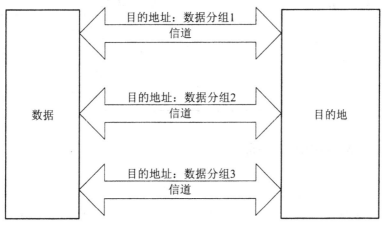

图 8-9　分组交换方式

8.4.2　GPRS 频段

　　GPRS 工作于 GSM900MHz、1800MHz 和 1900MHz 三个频段，包括
GSM900MHz 的 G1 频段和 P 频段，也可以限制每个小区只工作于 P 频段。
GPRS 的工作频段如表 8-2 所示。

表 8-2　GPRS 工作频段

频　　段	相　关　参　数
900MHz 频段	G1 频段上行频率：880～890MHz
	P 频段上行频率：890～915MHz
	G1 频段下行频率：925～935MHz
	P 频段下行频率：935～960MHz
	双工间隔：45MHz
	载频间隔：200kHz
1800MHz 频段	上行频率：1710～1785MHz
	下行频率：1805～1880MHz
	双工间隔：95MHz
	载频间隔：200kHz

频　　段	相　关　参　数
1900MHz 频段	上行频率:1850~1910MHz
	下行频率:1930~1990MHz
	双工间隔:80MHz
	载频间隔:200kHz

8.4.3　GPRS 的特征

GPRS 具有以下三个特征。

(1)永远在线(Always Online),但不用计时计费。就好像局域网或当前某些宽带网络,上网时不需要额外的步骤。GSM 是电路交换的,GPRS 支持数据分组交换。

(2)使用现有系统的扩充来支持数据通信。GPRS 是 GSM 网络的升级(Upgrade),现有的基站都能继续使用,大多数升级是在软件方面。

(3)GPRS 成了 3G 系统的一部分。GPRS 的功能将移动通信带到因特网的世界,各种应用在数据传输速率与容量等需求上会越来越高,3G 系统其实也可以看成是 GSM/GPRS 的升级,不管采用 EDGE 还是 WCDMA 都一样,主要的改变在无线访问(Radio Access)的部分,GPRS/GSM 在这部分会与 EDGE/WCDMA 共存。

8.4.4　GPRS 业务及应用场景

下述内容将简要介绍 GPRS 在移动网络中所提供的承载业务,以及在实际应用中 GPRS 技术的几种应用场景。

8.4.4.1　GPRS 业务

GPRS 主要是以 IP 为基础的应用,用起来会像一般的局域网,一旦GPRS 的用户获得 IP 地址,就可以开始收发分组数据,这个 IP 地址是隐秘的(Private)。由于 GPRS 通过 GGSN 的作用来与外界联系,使得 GPRS 的用户像位于企业内部的内联网(Corporate Intranet)一样,就好像局域网在防火墙(Firewall)与代理服务器(Proxy)的保护下。GPRS 可能的应用领域很多,主要有以下几种:

(1)通信:例如电子邮件、传真、传送信号与因特网/内联网的访问等。

（2）增值服务（Value-Added Services，VAS）：信息服务、在线游戏等。

（3）电子商务（Electronic Commerce）：零售、购票、金融服务与贸易等。

（4）定位服务（Location-based Service）：导航（Navigation）、交通状况、铁路航空班次与地点搜寻（Location Finder）等。

（5）垂直的应用（Vertical Application）：货运（Freight Delivery）、车队管理（Fleet Management）、销售自动化（Sales-Force Automation，SFA）等。

（6）广告（Advertisement）：让登广告的人更容易实时地将信息送给潜在的客户。

8.4.4.2　应用场景

由于采用覆盖全国的公共移动通信网络，因此采用 GPRS 技术的现场采集点可以分布在全国范围，数据中心与现场采集点之间无距离限制，这是许多专用无线通信网络（如无线数传电台、蓝牙、WiFi 等）无法达到的。

在实际应用中，下述几种场景下可考虑使用 GPRS 技术：

（1）现场只能使用无线通信环境。

（2）现场终端的传输距离分散。

（3）适当的数据实时性要求：能够承受数据通信的平均整体时延为秒级范围（2s 左右）。

（4）适当的数据通信速率要求：数据通信速率一般在 10～60kbit/s 之间，应用系统本身的数据平均通信量在 30kbit/s 以内。

8.4.5　GPRS 网络结构

GPRS 网络结构简图参见图 8-10。

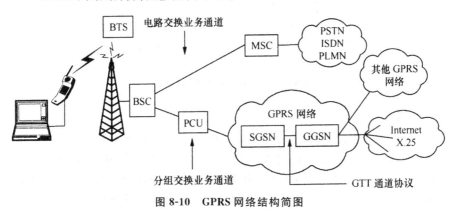

图 8-10　GPRS 网络结构简图

　　GPRS 网络是基于现有的 GSM 网络实现分组数据业务的。GSM 是专为电路型交换而设计的，现有的 GSM 网络不足以提供支持分组数据路由的功能，因此 GPRS 必须在现有的 GSM 网络的基础上增加新的网络实体，如 GPRS 网关支持节点(GGSN)、GPRS 服务支持节点(SGSN)和分组控制单元(PCU)等，并对部分原 GSM 系统设备进行升级，以满足分组数据业务的交换与传输。

8.4.6　GPRS 应用架构

　　要使用 GPRS 技术，首先必须熟悉 GPRS 系统的应用架构。本节在介绍 GSM 网络结构的基础上，先讲解 GPRS 的网络结构，最后讲解常见的系统应用架构。

8.4.6.1　GSM 系统网络结构

　　GSM 系统网络结构主要包括三个相关的子系统：基站子系统(Base Station Subsystem,BSS)、网络交换子系统(Network Switching Subsystem,NSS)和操作支持子系统(Operating Support Subsystem,OSS)。GSM 的网络结构框图如图 8-11 所示。

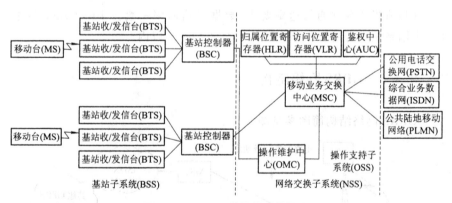

图 8-11　GSM 系统网络结构框图

1.基站子系统

　　BSS 是移动台(Mobile Station,MS)和移动业务交换中心(Mobile Services Switching Center,MSC)之间的无线传输通道，由基站收发信台(Base Transceiver Station,BTS)和基站控制器(Base Station Controller,BSC)组成。BSC 连接到 MSC，每个 MSC 可以控制几百个 BTS。移动台可以认为是 BSS 的一部分，主要包括 TE(Terminal Equipment,固定电话)和

MT(Mobile Terminal,移动电话)。

2.网络交换子系统

NSS用于处理外部网络以及位于基站控制器(BSC)之间的GSM呼叫交换,同时也负责管理并提供几个用户数据库的接入。移动业务交换中心(MSC)是NSS的中心单元,控制所有BSC之间的业务。NSS中有三个不同的数据库:归属位置寄存器(Home Location Register,HLR)、访问位置寄存器(Visitor Location Register,VLR)和鉴权中心(Authentication Center,AUC),可为用户提供漫游服务。

3.操作支持子系统

OSS用于管理所有移动设备和收费过程,以及维护特定区域内的通信硬件和网络操作,并通过操作维护中心实现。OSS支持一个或者多个操作维护中心(Operation and Maintenance Center,OMC),可监视和维护GSM系统中每个移动台、基站、基站控制器和移动业务交换中心的性能。

8.4.6.2　GPRS网络结构

GPRS网络是通过在GSM网络中引入三个主要组件:分组控制单元(Package Control Unit,PCU)、GPRS服务支持节点(Serving GPRS Supporting Node,SGSN)、GPRS网关支持节点(Gateway GPRS Supporting Node,GGSN)来实现的,使用户能够在端到端分组方式下发送和接收数据。GPRS网络总架构如图8-12所示。

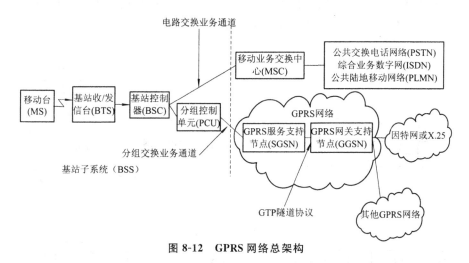

图8-12　GPRS网络总架构

在图8-12中,SGSN和GGSN又可统称为GSN(GPRS Supporting Node,支持节点),各GSN之间通过基于IP协议的骨干网互联。GPRS分组是从基站发送到 SGSN,而不是通过 MSC 连接到语音网络上。SGSN 与 GGSN 利用 GPRS 隧道协议(GTP)进行通信。GGSN 对分组数据进行相应的处理,再发送到目的网络上,如因特网或 X.25 网络。来自因特网标识有 MS 地址的 IP 包,由 GGSN 接收,再转发到 SGSN,最后传送到 MS 上。

8.4.6.3 应用架构

在日常生活中,GPRS 技术更多的是用来提供便捷和移动的网络连接方式。其中,在手机和笔记本等消费电子类产品上的应用较为普遍,主要的应用架构为通过 GPRS 网直接访问 Internet,如图 8-13 所示。

图 8-13 用户终端通过 GPRS 网访问 Internet

在数据采集和工业生产领域,GPRS 更多的是提供与服务器(或中心)的数据链路,数据采集的终端通常采用数据采集+GPRS 模块的形式。由于 GPRS 依托于 GSM 网,因此它还可以方便地实现短信报警或电话报警的功能。单点数据采集的应用架构如图 8-14 所示。

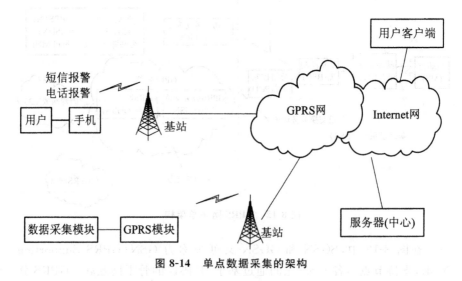

图 8-14 单点数据采集的架构

　　在实际应用中,为了节省流量和费用,数据采集终端还可以采用无线组网(例如使用 CC1101)将数据整合后,共享一个 GPRS 模块的方式进行数据传输,其应用架构如图 8-15 所示。

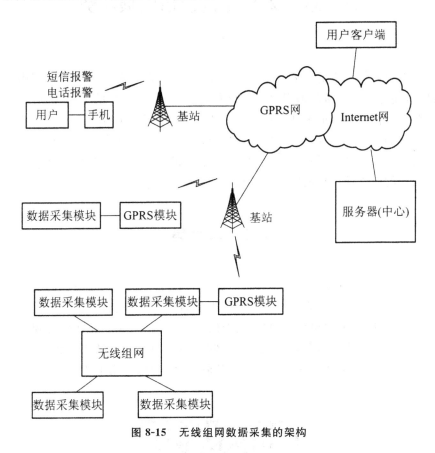

图 8-15　无线组网数据采集的架构

第 9 章　未来无线通信发展趋势

　　无线通信未来的发展充满了不确定因素,随着各种无线网络与应用的部署,还有一些附带的值得思考的议题,例如无线世界里的知识产权问题。这些主题都和未来的无线通信有关。无线通信网络会逐渐从封闭的本质走向开放的趋势,与因特网结合在一起。对于用户来说,有线与无线网络的差异会越来越少,跨有线与无线网络的应用会越来越多,二维码、云计算以及物联网的应用使以后的发展充满想象的空间。

9.1　二维码

　　二维码(Quick Response Code,QR Code,即快速响应码)是大家在日常生活中越来越常用到的一种二维条形码,由于在使用时常搭配手机的照相与处理功能,所以也称为"移动条形码",图 9-1 所示为二维码的外观。二维码的图形隐藏着信息,一旦取得其图像数据,只要通过适当的软件译码,就能还原所隐藏的信息,进一步地用来浏览网页、下载信息或进行网络交易。

图 9-1　二维码的外观

　　使用二维码的好处是不必进行数据的输入,只要用手机对着二维码扫描,手机就会进行后续的处理,如果我们看到的广告是一串网址,必须启动浏览器然后输入网址,相比之下,就没有二维码那么方便了。

9.2　云计算

9.2.1　什么是云计算

先来看看为什么用"云"来命名这个新的计算模式,以及云计算中的"云"是什么。

一种比较流行的说法是当工程师画网络拓扑图时,通常是用一朵云来抽象表示不需表述细节的局域网或互联网,而云计算的基础正是互联网,所以就用了"云计算"这个词来命名这个新技术。另外一个说法就是上面提到的,云计算的始祖——亚马逊将它的第一个云计算服务命名为"弹性计算云"。

其实,云计算中的"云"不仅是互联网这么简单,它还包括了服务器、存储设备等硬件资源和应用软件、集成开发环境、操作系统等软件资源。这些资源数量巨大,可以通过互联网为用户所用。云计算负责管理这些资源,并以很方便的方式提供给用户。用户无须了解资源具体的细节,只需要连接上互联网,就可以使用了。例如,人们使用网络硬盘,只需连接上服务提供商的网站,就可以使用了,不需要知道存放文件的机器型号、存放位置、容量等。存储空间不够? 再申请就可以了。

从计算平台(Computing Paradigm)的变革可以看到人类运用计算资源方式的改变,云计算(Cloud Computing)代表移动设备的使用已经越来越成熟与普及。图 9-2～图 9-4 介绍了计算架构变迁的六个阶段。

(1)大型主机计算(Mainframe Computing):用户通过功能简单与价格便宜的终端(Terminal)来分享大型主机(Mainframe)的计算资源。

(2)个人计算机计算(PC Computing):个人计算机性能的提升足以应付个人的计算需求。

(3)网络计算(Network Computing):网络普及使得个人计算机与服务器能通过网络相连,分享计算资源。

(4)因特网计算(Internet Computing):因特网计算让用户通过个人计算机上网,连接并使用其他服务器上的计算资源,TCP/IP 的网络协议是促成因特网计算普及的关键。

(5)网格计算(Grid Computing):网格计算也集合了众多计算机的资源,但是跟传统的并行计算架构不太一样,计算机之间不是靠高速的线缆相连,而是直接通过网络连接,反而像是经由中间件协调合作的分布式系统(Distributed Systems),所以构建比较费工夫,用户比较缺乏对计算资源或环境调整与分配的弹性。

(6)云计算(Cloud Computing):云计算的架构看起来和网格计算没有差多少,但是两者之间有一些明显的差异,云计算可以更有弹性地分享与分配资源,迎合更多元化的需求。云计算以用户的需求为中心,让用户能弹性地调整所需要的资源与计算的环境。

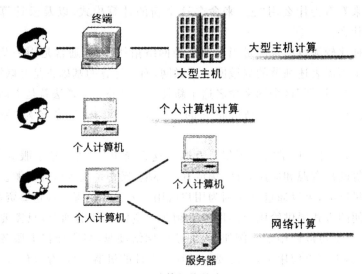

图 9-2　计算架构的变迁(一)

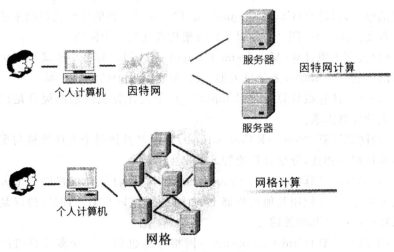

图 9-3　计算架构的变迁(二)

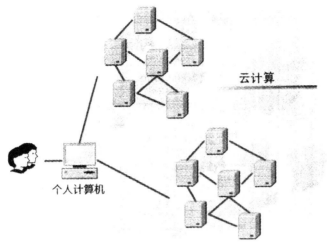

个人计算机

云计算

图 9-4　计算架构的变迁(三)

9.2.2　云计算的层次化架构

云计算可以看成是由一群服务所组成的,如图 9-5 所示的云计算架构,最上层的云应用由软件即服务(Software as a Service,SaaS)的概念来支持,让用户从远程通过网络来执行信息应用。平台即服务(Platform as a Service,PaaS)包括操作系统和相关的服务,换句话说,用户还可以指定计算机的操作系统。基础设施即服务(Infrastructure as a Service,IaaS)让用户指定计算机硬件、处理的性能与网络的带宽。最下层的数据存储即服务(data Storage as a Service,dSaaS)代表硬件的存储空间,提供稳定安全的数据保存空间。

云计算的一个常见的解释是"软件即服务",也就是让用户端的计算机设备经由云上的服务器执行程序,这么做有什么好处呢? 以学校开设的计算机实习课程为例,通常都要向软件厂商购买使用的授权,让学生能在实习教室中使用,问题是当学生回到家以后,就没有软件的环境可以练习了,实习教室不可能全天开放,开放的时间越长,除了需要雇人看管外,发生事故的风险也越高。

(1)软件即服务是让用户在自己的计算机上连接云上的服务器,执行服务器上的应用软件。假如把企业本身开发的应用搬到云上,就叫作"平台即服务",通常用户可以在自己的计算机上执行网页浏览器连接云上的服务器,执行服务器上部署的企业应用。

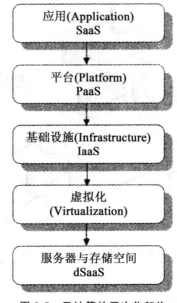

图 9-5　云计算的层次化架构

（2）所谓"平台即服务"，是指处理计算、存储与网络等资源都成为客户可以选择的服务项目，并由此形成专用的平台，对于客户来说，就像是委托云上的运营商帮自己构建并管理一个信息与网络的环境。

（3）基础设施即服务让用户指定计算机硬件、处理的性能与网络的带宽。

9.2.3　云计算的特征

云计算所指的是一种并行与分散的计算系统，靠的是网络连接的计算机以一致的方式提供计算的资源，服务提供商与用户之间有服务层的协议（Service-Level Agreement，SLA），云计算具备以下特性，是其他计算架构比较欠缺或没有那么完备的部分。

9.2.3.1　按需自助服务

云计算运营商能够按需求的差异调整所提供的服务，可伸缩性很大，用户可以按自己的需求来获取资源或服务。如果服务提供商的自助服务界面方便友好、易于使用，并且能够对所提供的服务进行有效管理，则会使服务方式更加有效，更容易让用户接受并使用。

9.2.3.2　宽带网络连接

云计算通过互联网提供服务，这就要求云计算必须具备高宽带通信链路，使得用户能够通过各种各样的瘦和胖客户端平台（如笔记本、手机、PDA 等）快速地连接到云服务，进而使云计算成为企业内部数据中心的有力竞争者。很多组织使用由接入层交换机、汇聚层交换机、核心层路由器与交换机组成的三层架构将各种计算平台连接到局域网中，其中接入层交换机用于将桌面设备连接到汇聚层交换机；汇聚层交换机用于控制数据流；核心层路由器与交换机用于连接广域网和管理流量。

这种三层架构方式将产生 $50\mu s$ 或更长的等待时间，进而导致使用云计算时的延时问题。将交换机环境的等待时间控制在 $10\mu s$ 以内才能获得好的性能。如果将汇聚层交换机去掉，使用 10G 以太网交换机或即将面世的 100G 以太网交换机组成的两层架构就能满足这种需求。

9.2.3.3　位置无关资源池

云计算需要具有一个大规模、灵活动态的共享资源池来满足用户需求，最优性能地为用户执行的应用程序有效分配它所需要的资源。NIST 指出：云计算的资源与位置无关，用户通常无法控制或了解所提供资源的具体位置，但他们可以在一个较高抽象层次上指定资源的位置，例如某个国家、某个州或者某个数据中心。也就是说，云计算中的资源在物理上可以分布于多个位置，通过虚拟化技术被抽象为虚拟的资源，当被需要时作为虚拟组件进行分配。

9.2.3.4　快速伸缩能力

伸缩性是指根据需要向上或向下扩展资源的能力。对用户来说，云计算的资源数量是没有界限的，他们可按照需求购买任何数量的资源。为了满足按需自助服务特征的需求，云计算对所分配的资源必须具备能够快速有效地增加或缩减的能力。云计算提供商需要考虑实现松耦合服务，使各种服务的伸缩性彼此之间保持相对独立，即不依赖于其他服务的伸缩能力，从而来提供快速伸缩能力。

9.2.3.5　可被测量的服务

NIST 对可测量服务的观点是："通过利用在某种抽象层次上适用于服务类型（例如，存储、处理、带宽以及激活用户数量）的计量能力，云系统可以实现资源使用的自动控制和优化。云可以对资源的使用情况进行监控、控制和报告,让服务的提供者和使用者都了解服务使用的相关情况。"也就是说,由于云计算面向服务的特性,用户所使用的云计算资源的数量能够得到动态、自动地分配和监控,进而使得用户可以按照某种计量方式为自己使用的云计算资源支付使用费用,比如按照所消耗资源的成本进行付费。

9.2.4 云计算关键技术

云计算,作为一个具有改变网络服务模式潜质的新兴技术,需要很多关键技术作为技术支撑。下面将简要介绍几种关键技术。

9.2.4.1 虚拟化技术

数据中心为云计算提供了大规模资源。为了实现基础设施服务的按需分配,需要研究虚拟化技术。由于虚拟化技术能够灵活地部署多种计算资源,发挥资源聚合的效能,并为用户提供个性化、普适化的资源使用环境,因此被业内人士高度重视并研究。

在虚拟机技术中,被虚拟的实体是各种各样的 IT 资源。按照这些资源的类型,可以对虚拟化进行分类。

1. 硬件虚拟化

硬件虚拟化就是用软件来虚拟一台标准计算机的硬件配置,如 CPU、内存、硬盘、声卡、显卡、光驱等,成为一台虚拟的裸机,然后就可以在上面安装操作系统了。

2. 系统虚拟化

系统虚拟化是被广泛接受并认识、人们接触最多的一种虚拟化技术。系统虚拟化实现了操作系统与物理计算机的分离,使得一台物理计算机上可以同时安装多个虚拟的操作系统。

3. 网络虚拟化

网络虚拟化是使用基于软件的抽象从物理网络元素中分离网络流量的一种方式。对网络虚拟化来说,抽象隔离了网络中的交换机、网络端口、路由器及其他物理元素的网络流量。

网络虚拟化可以分为两种形式,即局域网络虚拟化和广域网络虚拟化。在局域网络虚拟化中,多个本地网被整合成一个网络,或是一个本地网被分隔成多个逻辑网络。这种网络的典型代表是虚拟局域网(Virtual LAN,VLAN)。对于广域网虚拟化,典型应用就是虚拟专用网(VPN),它属于一种远程访问技术。

4. 存储虚拟化

存储虚拟化是指为物理的存储设备提供一个抽象的逻辑视图，用户可以通过这个视图中的统一逻辑接口来访问被整合的存储资源。磁盘阵列技术是存储虚拟化的一个典型应用。磁盘阵列是由许多台磁盘机或光盘机按一定的规则，如分条、分块、交叉存取等组成一个快速、超大容量的外存储器子系统。它把多个硬盘驱动器连接在一起协同工作，大大提高了速度，同时把硬盘系统的可靠性提高到接近无错的境界。

5. 应用程序的虚拟化

随着虚拟化技术的发展，逐渐从企业往个人、往大众应用的趋势发展，便出现了应用程序虚拟化技术。应用虚拟化的目的也是虚拟操作系统，但只是为保证应用程序正常运行虚拟系统的某些关键部分，如注册表、C 盘环境等，所以较为轻量、小巧。

9.2.4.2　数据存储技术

云计算采用了分布式存储方式和冗余存储方式，这大大提高了数据的可靠性与实用性。在这种存储方式下，云存储中的同一数据往往会有多个副本。在服务过程中，云计算系统需要同时满足大量用户的需求，并行地为大量用户提供服务。因此，云计算的数据存储技术具有高吞吐率和高传输率的特点。云计算的数据存储技术未来的发展将集中在超大规模的数据存储、数据加密和安全性保证及继续提高 I/O 速率等方面。

云数据存储技术的典型实例主要有谷歌的非开源的 Google 文件系统（Google File System，GFS）和 Hadoop 开发团队开发的 GFS 的开源实现 Hadoop 文件系统（Hadoop Distributed File System，HDFS）。

以 GFS 为例，GFS 是一个管理大型分布式数据密集型计算的可扩展的分布式文件系统。它使用廉价的商用硬件搭建系统并向大量用户提供容错的高性能的服务。

GFS 系统由一个 Master 和大量块服务器构成。所有元数据，包括名字空间、存取控制、文件分块信息、文件块的位置信息等，存放在 Master 文件系统中。GFS 中的文件首先被切分为 64MB 的块，然后再进行存储。在 GFS 文件系统中，采用冗余存储的方式来保证数据的可靠性，一般保存三个以上的备份。为了保证数据的一致性，对于数据的所有修改都要在所有的备份上进行，并用版本号的方式来确保所有备份处于一致的状态。GFS 的写操作将写操作控制信号和数据流分开，如图 9-6 所示。

客户端在获取 Master 的写授权后，将数据传输给所有的数据副本，在所有副本都收到修改的数据后，客户端才发出写请求控制信号。在所有的数据副本更新完数据后,由主副本向客户端发出写操作完成控制信号。

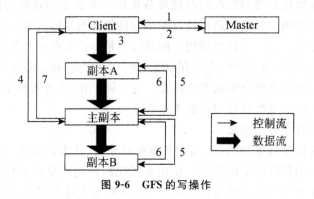

图 9-6 GFS 的写操作

9.2.4.3 数据管理技术

数据管理技术也是云计算系统的一项必不可少的关键技术,它是指对大规模数据的计算、分析和处理,如百度、Google 等搜索引擎。云集的高度共享性及高数据量要求系统能够对分布的、海量的数据进行可靠有效的分析和处理。通常情况下,数据管理的规模要达到 TB 甚至是 PB 级别。

由于采用列存储的方式管理数据,必须解决的问题就是如何提高数据的更新速率及进一步提高随机读速率是未来的数据管理技术。最著名的云计算的数据管理技术是谷歌提出的 BigTable 数据管理技术。

BigTable 对数据读操作进行优化,采用列存储的方式,提高数据读取效率。BigTable 在执行时需要三个主要的组件:链接到每个客户端的库,一个主服务器,多个记录板服务器:主服务器用于分配记录板到服务器及负载平衡,垃圾回收等;记录板服务器用于管理一组记录板,处理读写请求等。BigTable 采用三级层次化的方式来存储位置信息,确保了数据结构的高可扩展性。

除了虚拟化技术、数据存储技术和数据管理技术,云计算系统还依靠着很多其他的关键技术来保障系统的可行性,如访问接口、服务管理、编程模型、资源监控技术等。

9.2.5 未来的云生活

9.2.5.1 触控技术与实时通信

现在大家都常使用具有触控面板的智能手机或平板电脑,未来我们的生活环境中会有越来越多设施配备触控界面,让用户容易操作与输入。假如再结合实时通信,就可以让两个位于不同地点的人在有触控功能的不同屏幕画图写字来沟通与互动。

9.2.5.2　身份验证技术与云存储

数据对于现代人来说太重要了,假如不能获取数据就无法开始工作,云的存储功能可以让我们随时随地获取需要的数据,但是为了安全起见,必须确认是真实的自己在获取数据来使用,这可以通过身份验证技术来实现。

9.2.5.3　移动设备的普及

视频中在很多场景中都有移动设备的使用,例如在出差路途中查找酒店等。移动设备也有定位的功能,可以结合移动定位的功能,或者在用户到达定点时自动启动一些功能,例如在我们进入办公室时自动开灯、启动计算机。

9.2.5.4　无纸化空间

这是很久以前大家就一直在探讨的技术,先是在办公室的工作中希望少用纸张,只有各种纸质质感的电子纸(屏幕)被用于浏览,而供阅读的大量内容就是通过知识云来实现的。

9.2.5.5　无国界的协同合作

开会不再像从前那样需要把每个人召集到同一个地方,而是随时可以通过手上的移动设备来互动,数据的共享也更方便,用户直接通过智能手机的照相功能把自己看到的屏幕信息获取下来,马上与网络上的其他相关信息整合在一起。

9.2.5.6　结合各种科技营造智慧生活

视频中有工厂的自动化管理,可以让操作员以虚拟现实的方式工作,后面隐含的传感技术可以获取环境的数据,用来控制计算机系统调整各种设施的设置,例如环境的温度与湿度等。

9.2.5.7　方便的生活设施

例如超市的店员直接使用平板电脑清点与更新库存、通过智能芯片卡进行移动支付、购物时有移动导览的服务帮我们找东西、远程视频会议启动自动口译的功能等。

9.3　物联网

随着移动无线通信与信息科技的成熟与普及，"物联网"已经渐渐地发展成可以实现的科技应用，物联网（Internet of Things，IoT）是和移动无线通信的发展密切相关的技术，一旦各种不同的物品能够彼此交换信息，就会衍生出很多有趣的应用。

物联网就是通过智能感知、识别技术与普适计算、泛在网络的融合应用，将人与物、物与物连接起来的一种新的技术综合，被称为是继计算机、互联网和移动通信技术之后世界信息产业最新的革命性发展，已成为当前世界新一轮经济和科技发展的战略制高点之一。作为一个新兴的信息技术领域，物联网已被美国、欧盟、日本、韩国等所关注，我国也已将其列为新兴产业规划五大重要领域之一。物联网已经引起了政府、生产厂家、商家、科研机构，甚至普通老百姓的共同关注。

9.3.1　物联网的定义

物联网是指通过传感器、射频识别技术、全球定位系统等技术，实时采集任何需要监控、连接、互动的物体或过程，通过网络接入实现物与物、物与人的泛在链接，实现对物品和过程的智能化感知、识别和管理（见图 9-7）。

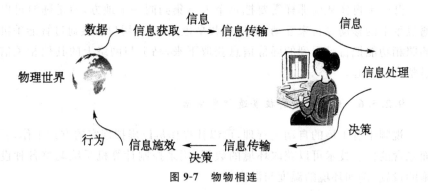

图 9-7　物物相连

物联网是由多个实体物品所形成的网络，这些物品内有电子装置、软件、传感器以及网络连接的能力，目的是让物品本身实现更高的价值与服务，达到这个目的的方式是与制造商、电信运营商或其他连接的设备交换数据。

物联网中的"物"能够被纳入"物联网"的范围是因为它们具有接收信息的接收器;具有数据传输通路;有的物体需要有一定的存储功能或者相应的操作系统;部分专用物联网中的物体有专门的应用程序;可以发送接收数据;传输数据时遵循物联网的通信协议;物体接入网络中需要具有世界网络中可被识别的唯一编号。

一个新的维度已经建立,如图 9-8 所示,在任意时间、任意地点、任意人都可以与任意物体建立连接。

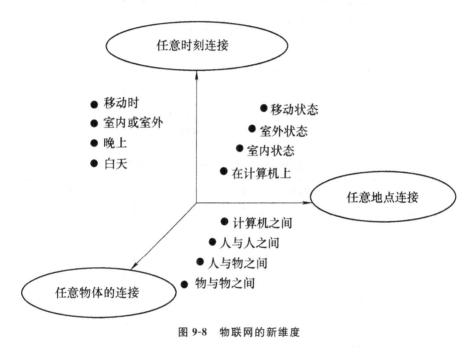

图 9-8   物联网的新维度

图 9-9 试着从不同的角度来看物联网的技术,除了物品相连的技术外,物联网也常被看成是分散物品的集体智能,因为信息交换后还需要对比、分析与处理,甚至于再度传送,不见得每一种物品都能具备通信与信息处理的功能,所以物联网的构建需要整合多种不同的技术。

表 9-1 对 RFID 系统、RFID 传感器网络(RFID Sensor Network,RSN)与无线传感器网络(Wireless Sensor Network,WSN)进行了比较。WSN 需要使用电池,但是 RFID 或 RSN 可以通过感应的方式获取启动芯片电路的电能。WSN 作用的范围最大,但是使用周期有限。

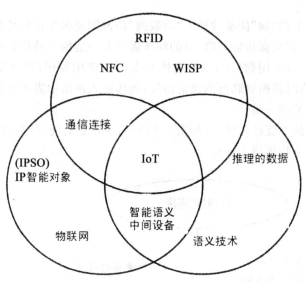

图 9-9　从不同的角度看物联网的技术

表 9-1　RFID、RSN、WSN 三种技术的比较

项目	RFID	RSN	WSN
处理	×	○	○
传感	×	○	○
通信	不对称	不对称	不对称
电力来源	harvested	harvested	电池
作用范围	10m	3m	100m
周期	永远	永远	小于 3 年
大小	非常小	小	小
相关标准	ISO 18000	—	IEEE 802.15.4

9.3.2　物联网技术特征

物联网具有全面感知、可靠传输、智能处理三大特点,如图 9-10 所示。

物联网要将大量物体接入网络并进行通信活动,对各物体的全面感知是十分重要的。全面感知是指物联网随时随地获取物体的信息。要获取物体所处环境的温度、湿度、位置、运动速度等信息,就需要物联网能够全面感知物体各种需要考虑的状态。全面感知就像人身体系统中的感觉器官,眼睛收集各种图像信息,耳朵收集各种音频信息,皮肤感觉外界温度等。所有器官共同工作,才能够对人所处的环境条件进行准确的感知。物联网中各种不同的传感器如同人体的各种器官,对外界环境进行感知。物联网通过RFID、传感器、二维码等感知设备对物体各种信息进行感知获取。

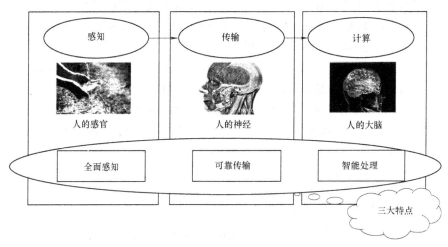

图 9-10　物联网的三大特点

可靠传输对整个网络的高效正确运行起到了很重要的作用,是物联网的一项重要特征。可靠传输是指物联网通过对无线网络与互联网的融合,将物体的信息实时准确地传递给用户。获取信息是为了对信息进行分析处理从而进行相应的操作控制,将获取的信息可靠地传输给信息处理方。可靠传输在人体系统中相当于神经系统,把各器官收集到的各种不同信息进行传输,传输到大脑中方便人脑做出正确的指示。同样也将大脑做出的指示传递给各个部位进行相应的改变和动作。

在物联网系统中,智能处理部分将收集来的数据进行处理运算,然后做出相应的决策,来指导系统进行相应的改变,它是物联网应用实施的核心。智能处理指利用各种人工智能、云计算等技术对海量的数据和信息进行分析和处理,对物体实施智能化监测与控制。智能处理相当于人的大脑,根据神经系统传递来的各种信号做出决策,指导相应器官进行活动。

9.3.3　物联网的应用

很多专业机构的调查都认为在 2020 年或 2025 年之前会有很多物品连上物联网,数量可能以数百亿计。从近来科技市场的变化可以看出物联网的发展趋势,例如可穿戴设备已经上市、电视可以上网、与智能手机进行通信、移动支付慢慢普及、云服务越来越方便等。原本看起来似乎不相干的产品或技术,经过物联网的整合后,发展出更多应用。

由于物联网的对象要以因特网的 IP 地址来识别,而 IPv4 的地址数量不够用,势必要依靠 IPv6 的普及。这也告诉我们其实物联网的概念很久以前就存在了,只是要真正落实需要各种技术的配合,这几年在科技的进展上已经有成熟的环境来支持物联网的建设。

物联网的物品所具备的计算特征是相当有限的,包括 CPU 的性能、内存空间以及电源等,都不像计算机那么强大,这样才要想办法在各种物品中广泛地部署用来连接物联网所需要的功能。物联网的产品可以按照应用的领域分成五类:智能可穿戴设备(Smart Wearable)、智能家居(Smart Home)、智慧城市(Smart City)、智能环境(Smart Environment)与智能企业(Smart Enterprise)。

9.3.3.1 环境保护方面的应用

环境保护是目前受到大家重视的议题,关系着地球与人类的持续发展,物联网的物品所具备的传感功能可以监测水质、空气质量、土壤特性与大气变化等大自然的特征,然后通过连接提供数据,让人类了解大自然的变化,进而采取必要的行动,例如地震或海啸的预警、了解动物栖息地的改变、了解污染的状况等。

1. 环境治理与物联网的融合

当今的环境治理无处不体现物联网技术,环境治理系统中大多使用了无线传感器技术、无线通信技术、数据处理技术、自动控制技术等物联网关键技术,通过水、陆、空对水域环境实施全面的监测。基于物联网分层架构的水域环境监测系统,如表 9-2 所示。

表 9-2 环境监测的软硬件构成与分层

物联网分层	主 要 技 术	硬 件 平 台	软 件
应用层	云计算技术、数据库管理技术	PC 和各种嵌入式终端	操作系统、数据库系统、中间件平台、云计算平台
传输层	无线传感器网络技术、节点组网及 ZigBee 技术	ZigBee 网络,有线通信网络、无线通信基站等	无线自组网系统
感知层	传感器技术	各种传感器	

2.水域环境的治理实施方案

建立一套完整的水环境信息系统、水环境综合管理系统平台是解决目前水环境状况的有效途径之一,通过积极试点并逐步推广,实现湖泊流域水环境综合管理信息化,并以此为载体,推动流域管理的理念与机制转变。

以我国太湖为例,湖区面积为 $2338km^2$,是中国近海区域最大的湖泊,因为湖泊流域人口稠密、经济发达、工业密集、污染比较严重,水质均为劣Ⅴ类,富营养化明显,磷、氮营养严重过剩,局部汞化物和化学需氧量超标,蓝藻暴发频繁,国内还有很多湖泊都受到类似的污染,需要对其监控。

湖泊治理的总体思路是先分析水环境存在的问题,问题包括水动力条件差、水环境恶劣、水生态严重受损、富营养化程度高和蓝藻频发等。在此基础上解决方案包括环境监测系统、数据传输系统、环境监测预警和专家决策系统,最终的目标是改善湖泊水质、提高水环境等级、为湖周经济建设与社会的协调发展、为高原重污染湖泊水环境和水生态综合治理提供技术支撑。

9.3.3.2　媒体方面的应用

物联网与媒体结合可以让我们更精确而实时地找到客户群,并且获取宝贵的消费信息。以智能手机为例,一旦连上网络后,可以允许定位,运行的应用除了得到用户输入的数据外,还能了解用户所在的位置。这么一来,可将更适当的数据或服务提供给用户,比如用户在找餐厅,可以提供附近的餐厅信息或促销打折的数据。一旦取得用户的数据,可以进一步地了解与分析用户的行为,大数据(Big Data)技术就是这方面的发展,物联网可以更方便地提供更多我们所需要的数据。平时常使用社交媒体的用户可能会发现,自己曾经浏览过的信息或类似性质的信息会不时地出现在计算机画面上,这是因为系统之前记录了我们的使用行为。

9.3.3.3　智慧医疗

通过物联网可以建立远程的健康监控系统,提供紧急状况的通知。病人的血压、心律等生命迹象可实时监控,也可对病人所接受的医疗进行监控,传感的数据会送到系统上,与正常的数据范围或病人之前的数据比较就能发现是否有异常的状况。目前也有不少人慢跑时在手臂上戴上智能手环,让智能手环定位并记录跑步的时间与路径,这也是一种健康管理的应用,我们可以试着想象如果跑步鞋有内置的设备,就比手环方便多了。

智能医疗是物联网技术与医院、医疗管理"融合"的产物。图 9-11 展示的就是令我们向往的智能化医疗保健生活,这样的生活应该就在不远的将来,当然实现这样的生活还要经过我们不断的努力。

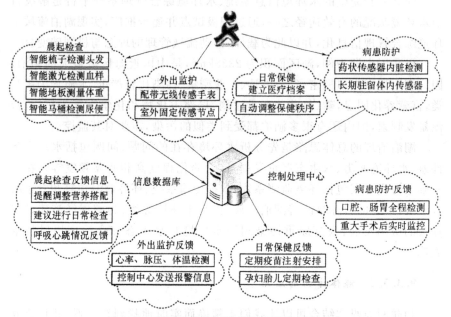

图 9-11　物联网技术创造的智能医疗保健生活

图 9-12 所示为 RFID 应用于医疗设备和药品的管理。

9.3.3.4　建筑物与家庭的智能化

建筑物与居家环境中的机械、电子或电力系统可以通过物联网进行自动控制,灯光、空调、通信、门禁安全等也都能纳入自动控制的范围,目的在于让人类的生活更舒适,同时也达到节能与安全的效果。大家可能在电视上看过智能建筑的广告,里面就有物联网的概念,其实这些自动化的控制是很久以前就有的概念,只是在物联网的概念里,这种控制可以延伸到很广的范围。

在未来的居室中遍布着各式各样的传感器,这些传感器采集各种信息自动传输到以每户为单位的居室智能中央处理器,处理器对各种信息进行分析整合,并做出智能化判别和处理。

1. 人员识别

在居室入口的门和地板上安装的传感器会采集进入居室的人员的身高、体重,行走时脚步的节奏、轻重等信息,并和系统中储存的主人信息和以往客人信息进行对比,识别出是主人还是客人或陌生人,同时发出相应的问候语。并在来访结束后按主人的设定记录并分类来访者的信息,例如,可以把此次来访者设定为好友或不受欢迎的人,这样可以使系统在下次来访时做出判断。

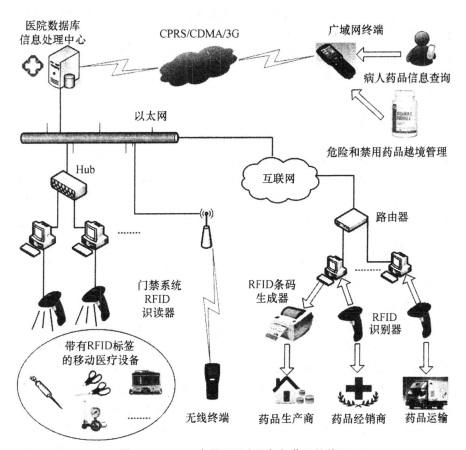

图 9-12　RFID 应用于医疗设备与药品的管理

2.智慧家电

　　未来的家电像一个个小管家,聪明得知道怎样来合理的安排各种家务工作。根据居室门口传感器的信息感知,当家中无人时,空调会自动关闭;还会根据预先的设定或手机的遥控在主人下班回家之前自动打开,并根据当天的室外气温自动调节到合适的温度,太潮还会自动抽湿。使主人回到家就可以感受到怡人的室温。智能物联网电冰箱,不仅可以存放物品,还可以传输到主人的手机,告诉主人,电冰箱中存放食品的种类、数量、已存放时间,提醒主人哪些常用的食品缺货了,甚至根据电冰箱中储存食品的种类和数量来设计出菜单,提供给主人选择。电视机已经没有固定的屏幕了,你坐在沙发前,它会把影像投射到墙上;你躺在床上,它把影像投射到天花板上;你睡着了,它会自动把声音逐渐调小,最后关机,让你在安静的环境中进入香甜的梦乡。

家用电器主要包括空调、热水器、电视机、微波炉、电饭煲、饮水机、计算机、电动窗帘等。家电的智能控制由智能电器控制面板实现,智能电器控制面板与房间内相应的电气设备对接后即可实现相应的控制功能。如对电器的自动控制和远程控制等,轻按一键就可以使多种联网设备进入预设的场景状态。

3. 家庭信息服务

用户不仅可以透过手机监看家里的视频图像,确保家中安全,也可以用手机与家里的亲戚朋友进行视频通话,有效地拓宽了与外界的沟通渠道。

通过智能家居系统足不出户可以进行水、电、气的三表抄送。抄表员不必再登门拜访,传感器会直接把水、电、气的消耗数据传送给智能家居系统,得到用户的确认后就可以直接从账户中划拨费用。大大节约人力物力,更方便了居民。

可视对讲,住户与访客、访客与物业中心、住户与物业中心均可进行可视或语音对话,从而保证对外来人员进入的控制。

4. 智能家具

利用物联网技术,从手机里随时都能看到家里情况的实时视频,可以随时随地遥控掌握家中的一切。安装了传感装置的家具都变得"聪明懂事"了。窗帘可以感知光线强弱而自动开合。灯也知道节能了,每个房间的灯都会自动感应,人来灯亮人走灯灭,并根据人的活动情况自动调节光线,适应主人不同的需要。传感器上传的信息到达智能家居系统中,系统对各种信息整合会自动发出指令来调节家中的各种设施和家具。家中开关只需一个遥控板就可全部控制,再也不用冬天冒寒下床关灯。智能花盆会告诉你,现在花缺不缺水,什么时间需要浇水,什么时间需要摆到阴凉地方。回家前先发条短信,浴缸里就能自动放好洗澡水。当天气风和日丽时,家里的窗户会自动定时开启,通风换气使室内空气保持新鲜,当遇到大风来临或大雪将至,窗门上的感应装置还会自动关闭窗户,令您出门无忧无虑。

5. 智慧监控

智能家居系统还能够使家庭生活的许多方面亲情化、智能化,与学校的监控系统结合,当你想念自己孩子的时候可以马上通过这一系统看到你的孩子在幼儿园或学校玩耍或学习的情况。和小区监控系统结合,不需要妈妈的陪伴,孩子就可以在小区中任意玩耍,在家里做家务的妈妈可以随时看到孩子的情况。配戴在老人和孩子身上的特殊腕带还可以发射出信息,让家人随时清楚他们的位置,防止走失的发生。

通过物联网视频监控系统可以实时监控家中的情况。此外,利用实时录像功能可以对住宅起到保护作用。

实时监控可分为以下三类:

(1)室外监控,监控住宅附近的状况。

(2)室内监控,监控住宅内的状况。

(3)远程监控,通过 PDA、手机、互联网可随时察看监控区域内的情况。

6. 智能安防报警

数字家庭智能安全防范系统由各种智能探测器和智能网关组成,构建了家庭的主动防御系统。智能红外探测器探测出人体的红外热量变化从而发出报警;智能烟雾探测器探测出烟雾浓度超标后发出报警;智能门禁探测器根据门的开关状态进行报警;智能燃气探测器探测出燃气浓度超标后发出报警。安防系统和整个家庭网络紧密结合,可以通过安防系统触发家庭网络中的设备动作或状态;可利用手机、电话、遥控器、计算机软件等方式接收报警信息,并能实现布防和撤防的设置。

7. 智能防灾

家里无人时如果发生漏水、漏气,传感器会在第一时间感应到,并把信息上传到智能家居系统,智能家居系统马上通过手机短信把情况报告给户主,同时也把信息报告给物业,以便及时采取相应措施。如果有火灾发生,传感器也同样会第一时间检测到烟雾信号,智能家居系统会发出指令将门窗打开,同时发出警报声并将警情传给报警中心或传给主人手机。

9.3.3.5　智慧城市

物联网可以造就智慧城市,虽然听起来有点遥不可及,但是在目前的生活环境中已经可以看到很多实际的例子。比如现在等地铁的时候可以看到地铁的到站信息,表示地铁就是一种物联网中的实体,系统和地铁的连接让系统掌握了地铁当前的位置,同时经由地铁的速度来预估到站的时间。对于乘客来说,等地铁的时候就能大致知道还要等待多久。有智能手机的人还可以通过 App 查询飞机到港的时间,等时间差不多的时候再出门去机场。

参考文献

[1] 张炜,王世练,高凯,等.无线通信基础[M].北京:科学出版社,2017.

[2] 颜春煌.移动与无线通信[M].北京:清华大学出版社,2017.

[3] 董建.物联网与短距离无线通信技术[M].2版.北京:电子工业出版社,2016.

[4] 李仲令,李少谦,唐友喜,等.现代无线与移动通信技术[M].北京:科学出版社,2017.

[5] 杨槐.无线数据通信技术基础[M].西安:西安电子科技大学出版社,2016.

[6] 陈林星,曾曦.短距离无线通信系统技术[M].北京:电子工业出版社,2013.

[7] 赵绍刚.5G:开启未来无线通信创新之路[M].北京:电子工业出版社,2017.

[8] 林基明,张文辉,仇洪冰,等.现代无线通信原理[M].北京:科学出版社,2015.

[9] 许晓丽,赵明涛.无线通信原理[M].北京:北京大学出版社,2014.

[10] 阎毅,贺鹏飞,李爱华,等.无线通信与移动通信技术[M].北京:清华大学出版社,2014.

[11] 祝世雄.无线通信网络安全技术[M].北京:国防工业出版社,2014.

[12] 崔盛山.现代移动通信原理与应用[M].北京:人民邮电出版社,2017.

[13] 李斯伟,王贵.移动通信无线网络优化[M].北京:清华大学出版社,2014.

[14] 肖悦,胡苏,林灯生.多载波无线通信中的新型多址技术[M].北京:国防工业出版社,2015.

[15] 石明卫,莎柯雪,刘原华.无线通信原理与应用[M].北京:人民邮电出版社,2014.

[16] 刁彩萍.现代无线通信技术的发展现状及未来发展趋势探析[J].电子制作,2015(1):161.

［17］刘长城.我国无线通信技术的现状和发展前景［J］.科技视界，2015（8）：70,138.

［18］李苒,杨丽军.无线通信技术的发展趋势分析［J］.产业与科技论坛，2014,13（5）：132-133.

［19］尤力,高西奇.大规模MIMO无线通信关键技术［J］.中兴通讯技术，2014,20（2）：26-28,40.

［20］陈展,陶峥.短距离无线通信关键技术及应用发展前景［J］.科技传播，2013,5（22）：200-201.

［21］魏冬,刘博,梁莉莉,等.无线通信调制信号的信息安全风险分析［J］.信息安全研究，2016,2（2）：143-149.

［22］马瑞.分析短距离无线通信主要技术与应用［J］.通讯世界，2015（11）：95-96.

［23］张建.基于RFID和ZigBee的仓储物流管理系统设计与实现［D］.南京：南京信息工程大学，2017.

［24］杨静.短距离无线通信技术对比及其应用研究［J］.无线互联科技，2016（13）：12-13.

［25］赵红涛,张宇.短距离无线通信主要技术的应用探究［J］.中国新通信，2017,19（1）：86.

［26］李旭辉,梁晓炜.短距离无线通信技术在信息传输中的应用［J］.信息通信，2017（2）：200-202.

［27］杨绿溪,何世文,王毅,等.面向5G无线通信系统的关键技术综述［J］.数据采集与处理，2015,30（3）：469-485.

［28］丛静.浅谈正交频分复用技术及其应用［J］.科技展望，2015,25（17）：126.

［29］高伟.基于射频技术的电力物资仓库管理系统的研究与实现［D］.北京：华北电力大学，2016.

［30］冯建彪.探究无线通信技术热点及发展趋势［J］.信息与电脑（理论版），2018（12）：195-196.

［31］朱银龙.基于GPS/GPRS/RFID的车载监控系统设计与开发［D］.南京：南京航空航天大学，2014.

［32］徐兴梅,曹丽英,赵月玲,等.几种短距离无线通信技术及应用［J］.物联网技术，2015,5（11）：101-102.

［33］路遥.无线通信中射频技术的应用分析［J］.数字技术与应用，2016（3）：26.

［34］尚扬眉,武剑侠.浅析短距离无线通信技术及其融合发展［J］.中

国新通信,2017,19(5):10.

[35] 袁晓庆.蓝牙无线通信技术及其应用研究[J].中小企业管理与科技(下旬刊),2015(4):228-229.

[36] 吴晨,杨晨光.无线通信技术的发展研究[J].无线互联科技,2016(7):5-6,14.

[37] 吴丹.蓝牙无线通信技术与实践[J].电子技术与软件工程,2016(2):39.

[38] 吴强.5G移动通信发展趋势与若干关键技术分析[J].教育教学论坛,2016(22):82-83.

[39] 刘琼芳.浅析5G移动通信技术及未来发展趋势[J].科技资讯,2016,14(7):13-14.

[40] 张伟.谈未来移动通信技术发展趋势与展望[J].数字通信世界,2017(5):151-154.

[41] 曾剑秋.5G移动通信技术发展与应用趋势[J].电信工程技术与标准化,2017,30(2):1-4.

[42] 张亦苏,刘志坚.5G无线通信技术概念及相关应用[J].通讯世界,2016(10):93.

[43] 杨妍玲.基于NFC技术的手机移动支付安全应用研究[J].现代计算机(专业版),2015(20):56-60.

[44] 孙恒.NFC技术和云服务的手机校园一卡通设计[J].实验室研究与探索,2016,35(7):120-126.

[45] 张玉清,王志强,刘奇旭,等.近场通信技术的安全研究进展与发展趋势[J].计算机学报,2016,39(6):1190-1207.

[46] 杨政军.二维码电子车票在自动售检票系统中的应用[J].城市轨道交通研究,2016,19(4):78-82.

[47] 王红香.移动支付应用中的无线通信技术研究[J].计算机产品与流通,2018(5):82.

[48] 余理驹.基于云计算的宽带无线通信资源系统设计与实现[J].通讯世界,2017(11):65-66.

[49] 郎为民,马同兵,陈凯,等.移动云计算发展历程研究[J].电信快报,2015(2):3-6,20.

[50] 东辉,唐景然,于东兴.物联网通信技术的发展现状及趋势综述[J].通信技术,2014,47(11):1233-1239.

[51] 许杰.物联网无线通信技术应用探讨[J].无线互联科技,2018,15(14):19-20.